U0173874

Jul.

不可思议的科学史

鬼谷藏龙 著

科学技术文献出版社
SCIENTIFIC AND TECHNICAL DOCUMENTATION PRESS
·北京·

图书在版编目（CIP）数据

不可思议的科学史 / 鬼谷藏龙著 . — 北京：科学技术文献出版社，
2022.8
ISBN 978-7-5189-9169-3

Ⅰ.①不… Ⅱ.①鬼… Ⅲ.①生命科学—科学史—普及读物 Ⅳ.① Q1-0

中国版本图书馆 CIP 数据核字（2022）第 077211 号

不可思议的科学史

责任编辑：张凤娇 产品经理：吴佳璐 常帅虎 责任校对：王瑞瑞 责任出版：张志平
出 版 者 科学技术文献出版社
地　　 址 北京市复兴路15号 邮编 100038
编 务 部 （010）58882938，58882087（传真）
发 行 部 （010）58882868，58882870（传真）
邮 购 部 （010）58882873
销 售 部 （010）82069336
官方网址 www.stdp.com.cn
发 行 者 科学技术文献出版社发行 全国各地新华书店经销
印 刷 者 三河市中晟雅豪印务有限公司
版　　 次 2022 年 8 月第 1 版　2022 年 8 月第 1 次印刷
开　　 本 880×1230 1/32
字　　 数 138 千
印　　 张 7.75
书　　 号 ISBN 978-7-5189-9169-3
定　　 价 56.00元

目录

不了解生物科技的
历史发展，

我们将无法抵达人类的
未来。

part 1

生命科学的昨天、今天与明天

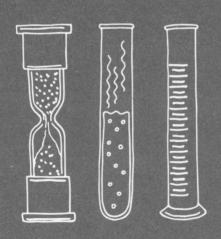

第一章 双螺旋开启生命科学时代

如果让我说，现代生命科学是从何时开始的，那我会毫不迟疑地回答："是在二十世纪中叶 DNA 双螺旋结构被发现的那一刻。"

然而诡谲的是，最早打开新时代大门的科学家，按照今天的标准来看——是两个门外汉。

1947 年，剑桥大学迎来了一个年轻人，他的名字叫作**弗朗西斯·克里克**。

坦白讲，三十一岁的克里克当时的处境有些尴尬。大部分科学家在这个年纪已经有所建树了，但由于克里克的求学之路

研究水雷的我，研究起 DNA 也是很厉害的！

弗朗西斯·克里克

比较坎坷，所以他一直默默无闻。他原本在伦敦大学学习物理，第二次世界大战的爆发使他被迫中断攻读博士的学业，当时整个英国危在旦夕，自然也顾不上搞学术了。

而克里克作为高才生，也必须响应国家征召，从事一些对国家安全有利的工作，于是他就稀里糊涂地被调到了隶属于军队的某个研究部门研究水雷，这份工作克里克完成得相当不错，据说经过他改进的水雷对德国的军舰会更加敏感，也更难清扫一些。

然而随着第二次世界大战落下帷幕，军队的预算当然也随之停止，于是克里克又失业了。好在英国政府还算厚道，没有忘了他在战争中的功劳，所以推荐他到剑桥大学重新开始自己的求学之路。

可是应该再去研究什么呢？

正在纠结这个问题的时候，有一本书进入了他的视野，那就是著名物理学家薛定谔写的《生命是什么》。坦白讲，薛定谔作为一个物理学家对于生命科学也不见得有多了解，只不过那个年代的生命科学也很难称为科学，所以诸多人发表见解。在《生命是什么》中，薛定谔根据自己在量子力学领域的探索，类比性地预测了生命的一些"应该有的"特征。同是研究物理学出身的克里克对此也是大为赞同，但对他而言，影响最为深远的是书里面的一句话：

二十世纪是生命科学的世纪。

这句话成了克里克转向生命科学领域的最重要的信条，促使他在剑桥大学选修了不少生命科学的课程，而这一切都被一个人看在眼里，他就是**美国科学家詹姆斯·杜威·沃森。**

1951 年，二十三岁的年轻遗传学家沃森从美国到剑桥大学做博士后时，就一直在寻找一个可以和他干大事的合伙人，沃

诺贝尔奖其实很好拿，比如先发现 DNA 的分子结构。

詹姆斯·杜威·沃森

森的目标很明确，他要破解承载着遗传信息的生物大分子——DNA 的分子结构。在那个时代，人们已经通过化学方法知道，DNA 的本质是一种脱氧核糖核酸，或者说多聚脱氧核苷酸。DNA 由无数被称为脱氧核苷酸的小分子聚合而成，而更精细一些的话，每个脱氧核苷酸都是由一份磷酸、一份脱氧核糖和一份含氮碱基构成的。这个含氮碱基有四种可能性：腺嘌呤、鸟嘌呤、胸腺嘧啶和胞嘧啶。但是这些化学零部件具体是怎么合成 DNA 这种大分子的，则是众多科学家要研究的关键。

与此同时，DNA 的重要性确实日益浮现。比如，著名的肺炎双球菌转化实验证明，只有 DNA 可以将光滑型肺炎双球菌转化成粗糙型肺炎双球菌。许多类似这样的实验不断间接证明，DNA 是编码生命底层代码的物质。因此，当时的人们普遍相信，解析了 DNA 的物质结构，就可以了解生命的终极规律。但是 DNA 代码的复杂程度远超我们的想象。

当时年轻气盛的沃森与克里克两人可谓相见恨晚，于是一拍即合，决心要将此作为自己一战成名的契机。

只是他们忽略了一件事，他俩不是这个专业的，沃森本来是搞病毒的，克里克本来是搞物理的。

还有一个更糟心的消息，他们的竞争对手刚好就是当时世界排名第一的结构生物学家——**莱纳斯·卡尔·鲍林**。

鲍林之前曾经破解过蛋白质的结构，了解生物的小伙伴们应该知道蛋白质的结构可比 DNA 复杂多了。因此，有着十几年破解蛋白质结构经验的鲍林要破解 DNA 结构，可以说只是时间问题。

为了战胜这个强大的对手，弗朗西斯·克里克和詹姆斯·杜威·沃森这俩门外汉找来了一个强力外援，他的名字叫作**莫里斯·威尔金斯**。威尔金斯的专业是做 X 射线衍射，这在当时几乎是破解生物大分子结构的唯一手段。

有了威尔金斯这个外援，门外汉二人组心里顿时踏实了许多。

而在另一边，鲍林其实基本没怎么把这个课题放在心上，毕竟自己在结构生物学领域早就无敌了，但他大概忘了自以为无敌的人通常的下场。可能是基于对蛋白质结构理解的惯性思维，他一直认定 DNA 是一种三螺旋或者四螺旋结构，而开着上帝视角的小伙伴们当然知道，DNA 是双螺旋结构，外侧是磷酸骨架，内侧的碱基互补配对。鲍林犯的更严重的错误是在他的模型当中，DNA 的磷酸骨架位于 DNA 链的内部，而碱基则叉在外部，这种错误足以令鲍林这种级别的化学家身败名裂。因为磷酸基团一般都带有非常多的负电荷，三股多聚磷酸链拧到一起，彼此会出现极其强烈的电荷斥力，足以让这样的 DNA 当场散架。

但不得不说，在那个年代，一般的年轻科学家还真的不怎么敢质疑鲍林，所以鲍林那明显有问题的模型在一开始也误导了沃森和克里克。他们跟在鲍林身后亦步亦趋，苦思冥想着能在鲍林的 DNA 三螺旋结构上寻求突破却不得其解，然而真正的创新者必须破除迷信，敢于向权威挑战。

突然有一天，门外汉二人组看到了当时在科学界存在感很低的查戈夫的一篇论文，这篇论文看上去平淡无奇，实验做得也很粗糙，就是那种丢在论文堆里没人会待见的文章。唯一值得赞许的地方是他的实验囊括了自然界绝大多数类群的生物，算是揭示出了 DNA 的一个很普适的特征。正是这篇论文中提出了一条非常关键的证据，即在 DNA 当中，腺嘌呤与胸腺嘧啶含量相同，而鸟嘌呤则与胞嘧啶含量相同。基于此，沃森和克里克马上想到，从分子大小的角度来说，腺嘌呤与胸腺嘧啶的长度之和，几乎等于鸟嘌呤与胞嘧啶的长度之和。这些事实隐约揭示出 DNA 的结构很可能是双螺旋的，甚至连碱基互补配对原则都呼之欲出了。

尽管当时除此以外，DNA 的双螺旋结构还没有任何证据可言，但沃森和克里克眼看在之前的三螺旋模型中一直苦苦寻求不到突破，便决定死马当活马医，试试双螺旋 DNA 的可能性。结果他们的工作还真就"嗖"的一下突飞猛进，双螺旋的模型在化学理论层面居然顺畅得不可思议，剩下的仅仅是其中一些具体的理论参数还需要现实的实验来测算。

很快这事就传到了鲍林那里，但鲍林对这事也是将信将疑。这个时候的鲍林表现出了一位"德高望重"的科学家应有的素质——他决定派个卧底去探探。这个身负重要使命的卧底，正是鲍林的儿子，我们就叫他"小鲍告"。

不久之后，小鲍告就以博士后交流的名义来到沃森和克里克的实验室的隔壁实验室"学习"。"日防夜防，家贼难防"，小鲍告来到沃森和克里克的实验室隔壁以后，果然没有让他爹失望，他迅速投入了他几乎所有的精力来——追女生。

小鲍告读书不认真着实让沃森放松了警惕。直到"学成归来"，小鲍告也没有打出一份足够让他爹满意的小报告，接下来大概就要轮到鲍林打小鲍告了。但是鲍林不会因此满盘皆输，别忘了，他是业内顶级大佬。

这时，正在实验室里吭哧吭哧干活儿的沃森突然想起来，他们之前好像找了威尔金斯这个外援，但这个外援咋还在偷懒呢？

原来，威尔金斯压根儿就对 DNA 的结构不感兴趣，做了几次不太成功的实验以后就几乎啥也没再干过。但是，威尔金斯身边恰好有一位特立独行的女同事，她叫**罗莎琳德·富兰克林**。

在那个年代，科学刚从哲学中独立出来不久，所以业界到处都是难上加难。然而富兰克林却选择迎难而上，至少在一年的时间里，富兰克林可能是全球唯一一个还在坚持做 DNA 分子 X 射线衍射实验的科学家。

罗莎琳德·富兰克林

注：富兰克林后来很年轻就因为癌症去世，有一些观点认为这与她长期接受 X 射线的辐射有关。

正是富兰克林带给了沃森与克里克最关键的助攻。

差不多在沃森与克里克在理论上推导 DNA 结构的同时，富兰克林就已经开始利用实验来实现类似的目的。然而或许是受那个时代女性社会地位的影响，富兰克林出于某种自我保护机制，养成了非常毒舌的性格。不过这也反过来导致她和周围同事的关系都很僵。因此，早些时候沃森、克里克和威尔金斯都对她敬而远之，也不太清楚她的具体工作，一直到后来 DNA 双螺旋模型取得突破后，他们的关系才慢慢缓和。

1952 年，富兰克林拍出了那张意义深远的 DNA 分子 X 射线衍射图。没错，就是那张被印在一代又一代教科书上的"诡异"图片。简单来说，你可以理解为这是一张 DNA 双螺旋的正面照。虽然由于衍射会显得有些失真，但是根据相关公式，就可以利用条纹的间距计算出 DNA 双螺旋的直径、碱基之间的距离等参数，为沃森与克里克的模型提供最核心的数据。如果说之前查戈夫的论文还只是一个指导性的攻略，那么这张照片基本上就相当于在公布正确答案了！

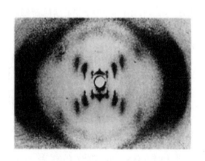

DNA 分子 X 射线衍射图

富兰克林所属的研究机构在第一时间没有通知沃森等人，反而是邀请了鲍林过来欣赏这张 DNA 的高清无码大图，只可惜那时候没有网络，要看别人的最新成果最快的方法就是亲自跑去看。

就在鲍林准备亲自飞往英国去观看这张传奇图片时，他却被人拦了下来。不许他出国的不是别人，正是美国政府。

为什么美国政府会禁止鲍林这样的大科学家出国呢？

这还得从之前鲍林得的诺贝尔奖说起。他先后获得诺贝尔化学奖和诺贝尔和平奖。因为他长期以来一直致力于反对美国的核试验，结果就得罪了不少美国的权势人物，这些冤家到处游说鲍林可能是苏联的间谍。

恰逢那段时间美国政坛有个叫作麦卡锡的议员权势熏天，而这位老哥是个偏激魔怔人，在他最癫狂的那段日子里，美国的科学家、商人、报刊记者、好莱坞演员都要被抓去轮流政审。在这样的环境下，几句谗言就足以让鲍林成为"有问题的人物"而被没收护照。

总之，这样一来机会又阴错阳差地落到了门外汉二人组身上，没过多久，沃森和克里克就发表了一篇一千字左右的超高性价比论文，宣布他们破解了 DNA 的双螺旋结构。

1962 年，因为破解 DNA 的双螺旋结构，沃森、克里克和威尔金斯一起获得了诺贝尔奖。在那篇千字论文的最后，克里克写下了一句话：DNA 的双螺旋结构或许揭示出了 DNA 复制的生物学机制。这句话最终开启了生命科学新的时代。

在获得诺贝尔奖以后，克里克依然继续研究 DNA 的秘密。他在之后组建了"RNA"俱乐部，与其他科学家合作破解了 DNA 编码蛋白质的"中心法则"。当对 DNA 的研究达到他那个时代的技术瓶颈后，克里克又转而投身到神经科学领域中，称得上各方面都非常伟大的科学家了。

　　但相比之下，沃森和鲍林就比较一言难尽了，沃森得到诺贝尔奖以后在美国获得了高官厚禄，却再也没有做出什么特别重大的科研突破，反而是晚年间开始不断发表种族主义言论，尤其是他宣传黑人智力低下，故而受到各方的抨击，最终，沃森被美国国立卫生研究院剥夺职务。而鲍林则是从二十世纪六七十年代开始突然大量摄入维生素 C，宣称维生素 C 可以治疗感冒乃至癌症。

　　受他影响，大量欧美民众放弃正规治疗，试图通过吃维生素 C 来治病，间接导致了大量患者死亡。尽管鲍林每天摄入的维生素 C 高达人体正常所需的七百倍，但他依旧死于癌症。但即便如此，他的这套理论直到现在还有影响力，各种所谓的"抗氧化防衰老"的保健品就基于此开发，依旧有人趋之若鹜。

第二章　单挑人类基因组计划

　　众所周知，我们正处于一个特殊的时代里，好像只要你拿着一个足够酷炫的概念，编个足够唬人的故事，例如克隆猛犸象、用一滴血检测几百项身体指标、用人造卫星给全球提供免费 Wi-Fi……反正去风投市场喊一嗓子，就总有投资人愿意捧着银子来支持你。

　　把这股风潮引到生命科学领域的头号人物，就当数这篇文章的主角、"人造生命之父"、基因测序领域的"科学狂人"——**克莱格·文特尔（Craig Venter）**。

　　文特尔一生最自豪的两个身份，便是科学家及生意人。他

克莱格·文特尔

1946年出生于美国，从学生时代起就表现得异于常人。由于文特尔患有多动症，上课一直不太专心，教过他的老师都表示无能为力。

就在他心灰意懒打算去做流浪汉的时候，越南战争爆发了，于是文特尔加入了美国海军，成为后方的一名医疗兵。在军队服役期间，文特尔发现自己居然是个天才，不但各种操作上手比别人快得多，连之前一贯不太行的考核也经常拿第一，在新兵智力测试中，他甚至得了最高分三万五千分。

更重要的是，在每日的救死扶伤中，文特尔打下了扎实的生物学基础，继而在复员后依靠军队的优惠政策几经辗转考入了加利福尼亚大学圣迭戈分校（University of California, San Diego），并在二十九岁拿到了生理学及药理学哲学博士学位。

从此文特尔拿到了逐梦学术圈的门票，凭借天才头脑，他在未来的学术圈占有一席之地。

经过差不多十年打拼，文特尔在三十八岁时加入了美国国立卫生研究院（NIH）。有些小伙伴可能不明白这个年龄意味着什么，横向对比一下吧，詹姆斯·杜威·沃森拿诺贝尔奖的时候是三十四岁。

所以文特尔就相当于别人都进决赛圈了，自己才刚落地捡枪。但是这都不重要，因为文特尔表面上是搞科研的，实际上是搞科幻的。

文特尔几乎是刚到美国国立卫生研究院就开始大显身手。他最早的课题是研究一种叫作 ESTs 的特殊 DNA 片段在人类大脑当中的运作规律，然后他就异想天开地提出要给这类 DNA 片段申请专利。这就很离谱了，因为申请专利的必须是实用性的技术，而不能是本来就存在的自然现象，不然当年牛顿要是给万有引力申请个专利，大家岂不是单单站在地球上就得付专利费了？这事最后闹到了美国国会，然后这份专利就果不其然地被驳回了。

但是这件事却给年近不惑的文特尔带来了一大波关注，也为他之后的一系列操作埋下了伏笔。那可还是 1992 年，美国人民才刚刚开始上网浏览信息，文特尔就已经无师自通怎么做爆款刷热度了。

与此同时，美国发生了一件深刻改变文特尔命运的事情。这事还得追溯到 1984 年，刚好是文特尔入职美国国立卫生研究院那年，有一个名叫乔治·丘奇（George Church）的年轻科学家，改良了 DNA 测序技术，并且提出了给人体做全基因组测序的可能性。

时间如此凑巧，仿佛这一切都是命运之门的选择。

简单说一下什么是**全基因组测序**。很多生物细胞里面都有一个又小又圆的结构叫细胞核，细胞核里有些又细又长的分子叫 DNA，DNA 上一字排开着由四种碱基构成的序列。你可以把 DNA 理解成一本书，四种碱基就是书中的文字。从理论上来讲，这本 DNA 之书当中包含着这个生物的一切信息。比如，这个生物长什么样、容易得什么病等。DNA 测序就是把这本书上的文字一个一个地给读出来。

比较容易做的是小片段测序，相当于读出书中一小段文字。而全基因组测序，就是把整本书的文字都给读出来。

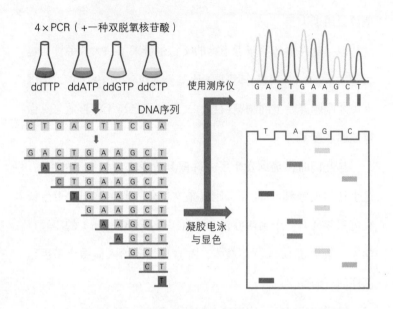

DNA 测序流程

注：PCR，聚合酶链式反应；ddTTP，一种双脱氧核苷酸；
ddATP，一种双脱氧核苷酸；ddGTP，一种双脱氧核苷酸；
ddCTP，一种双脱氧核苷酸。

在此要强调一下，将文字读出来是一回事，弄懂这些文字的意思又是另一回事。就像英文里二十六个字母拆开来你肯定都认识，但拼一块儿就未必了。反正就目前的研究进展来看，等人类彻底读懂这本书的时候，柯南估计都该大学毕业了。

更何况那是二十世纪八十年代，就连全基因组测序都还只是一个纸面上可行的想法，但美国政府还是一咬牙砸了三十亿美元，风风火火上马了一个国家级科研项目——"**人类基因组计划**"（Human Genome Project，简称 HGP）。

当时很多人对此质疑，毕竟以当时的技术条件来讲，这个计划怎么看都显得有点儿冒进了。

只不过这事对一些科学家来说，意味着一件事：国家又要发钱啦！而美国国立卫生研究院这种一听就是国家亲生的研究机构自然就能拿到其中的大头。一时间，研究院内人均经费暴涨。

一般的科学家得到这么一大笔经费，都高兴得不得了，但文特尔不是一般的科学家，所以他反而开始在被开除的边缘疯狂蹦跶。

前文曾说，给 DNA 测序就像读书。那年头的科学家也是实诚，读书，自然是把书摊开来一个字一个字地读。但当时的DNA 测序技术比较适合做小片段测序，对于全基因组测序这种大部头，效率低得可怕，人类基因组计划砸了几十亿做了八年，也才完成了总计划的 3%。

从文特尔之前的所作所为我们就能知道，他最烦的就是这种脑子不会急转弯的，于是文特尔提出了一种当时从未见过的全新测序法。这个测序法叫作霰弹枪法，它还有一个诨名——

鸟枪法。

这个方法的核心就是在测序前先把基因组 DNA 用高速气流打碎，这就可以把很难搞的全基因组测序降维成比较简单的小片段测序。测完一个个小片段后，再把它们像拼图一样拼回去，全基因组测序就大功告成了。于是文特尔带着这个新奇的想法找到了当时人类基因组计划的负责人詹姆斯·杜威·沃森。

结果文特尔却遭到了沃森的一瓢冷水：傻孩子，你把 DNA 都打成碎片了，谁还拼得回去呀！

这次没指望，那只好等待下一次机会了。

几年后，沃森退休，接替他的是情商要高很多的**弗朗西斯·柯林斯（Francis Collins）**。不过事实证明，像文特尔这样的刺儿头，换啥样的领导也救不了他。文特尔又闹腾了几年，然而并没有什么用，鸟枪法照样没人理睬。

不过这事也不能全怪领导，堂堂美国国立卫生研究院里，这么多业界大佬埋头苦干这么多年，权威地位突然受到挑战，这让领导情何以堪？

于是文特尔狠狠控诉了一番美国国立卫生研究院的官僚主义作风，自己卷铺盖走人了。然而单飞一时爽，真飞出来以后，文特尔才意识到一个很严重的问题：做科研，归根结底最需要的是资金。

有钱，才能以最快速度买到最高档次的试剂和仪器；有钱，才能放心大胆地使用EP管①、培养皿、移液枪枪头等消耗品。但文特尔几乎是空手离开的研究院，之前努力奋斗得到的一切此刻都已化为乌有。

文特尔又把眼光投向了美国的马萨诸塞州。在一般人看来，这里是美国的智慧殿堂，拥有众多高等学府，比如哈佛、麻省理工等。在文特尔眼中，这里是他大展拳脚的广阔天地。

正是因为坐拥一大堆高校，这里的企业普遍一看到高新科技就十分兴奋。于是文特尔重操旧业，又施展他那三寸不烂之舌，吹嘘那个给基因申请专利的神之创意，而且他这次还加大了筹码，宣称他一个人就能搞定人类基因组计划，到时候人类所有基因都是他的专利。

这次被选中的著名公司名叫珀金埃尔默公司，最终文特尔获得了三点三亿美元的投资款。1998年的三点三亿美元，那可真是不得了。

文特尔嘴皮子利索，脑瓜子更是灵光，他立刻把他那套鸟

---

① EP管：一种小型离心管。可与微型离心机搭配使用，用于微量试剂的分离。

枪法付诸实践。果然，一时之间，文特尔的山寨版"人类基因组计划"进展神速，看着就是一股子山寨倒逼官方的架势。

文特尔的事业就是柯林斯的事故。要知道，美国政府前前后后给人类基因组计划投资了三十亿美元，还拉上了英国、日本、法国、德国、中国和印度等伙伴。可以说此刻的文特尔正以一人之力碾压全世界。

情急之下，柯林斯只好使出了美国精英科学家的终极大招——请总统做主。

有了克林顿总统撑腰，柯林斯腰也不酸了，腿也不疼了，立刻回去全面改用文特尔的技术路线推进人类基因组计划。

此刻，谁是官方，谁是山寨，似乎已经不那么重要了，那么这场史诗级大对决究竟是谁胜出了呢？

答案是：不知道。

就在最后时刻，克林顿亲自出面让文特尔和柯林斯一齐宣布人类全基因组测序的完成，但是谁也不许透露究竟是谁先完成的。

不但如此，克林顿还高调宣布基因不可申请专利并免费公开人类基因组计划的所有数据。

这个故事告诉我们：当对手和裁判是同一伙人时，你怎么玩都是个输。不过严格来说，文特尔并没有输，至少此刻他已经身怀一亿美元实现了财务自由，反倒是他的东家珀金埃尔默公司元气大伤，以至于不久后就宣布进入"战略转型期"。

据文特尔自己说，他在临走前还跟公司董事会提了一个新计划，就是开放个人全基因组测序业务，任何人花一千美元就可以给自己做个全基因组测序。董事会没有理会文特尔的想法。

不过对文特尔来说，离开珀金埃尔默公司根本不算什么损失，他旋即成立了一家以他名字命名的研究所。从此文特尔终于完成了从科学家向资本家的华丽转变。

文特尔的成功，与其商业天赋分不开。

首先，文特尔在朴实无华的土豪生活之余从没忘记构建自己"疯狂科学家"的人设，比如他买了一艘游艇，然后将其改造成了一艘科学考察船，利用它全世界转悠。后来更是买了艘深海探测器，号称要研究深海之中的生命形态。这一切不过是他放大招的伏笔，2010年，美国文特尔研究所宣布，他们利用人工合成的基因组，创造出了世界上第一个"人造生命"。

但这个事情其实很微妙，他的做法是找来一种特别简单的叫支原体的单细胞生物。这种单细胞生物的 DNA 特别短小，上面只有九百零一个基因。对比一下，人类差不多有三万个基因。DNA 是一种很细的分子，所以短就意味着相对不那么容易断，也就相对更容易合成一些，虽然支原体的全基因组 DNA 长度差不多也是人类合成技术的极限了。

文特尔的团队花了好几年的时间改进技术，终于完成了人工合成的支原体 DNA，然后文特尔他们摧毁了另一种支原体自身的 DNA，并将他们人工合成的 DNA 塞到它的细胞里取而代之，结果这个支原体又能比较正常地生长繁殖了。所以这并不是严格意义上的合成生命，其实他们人工合成的只有 DNA 而已。

这个工作在合成生物学上也的确是个重大突破，但关键是，媒体外行只会用字面上的意思去理解"合成生命"，搭配上文特尔经营多年的科学狂人人设，爆款也就水到渠成了。

一时之间，人们被一大堆离谱的新闻报道冲击着。打开各种新闻网站，放眼望去全是类似于"愤怒！疯狂科学家竟对生命做出这种事，人类距离毁灭更近一步了！""震惊！潘多拉魔盒已被打开，世界要毁灭了！"这样博人眼球的标题。

虽然当时就有一些科学家指责文特尔炒作，但这根本阻止不了他乘着这股东风一举入高空。从此文特尔的事业可谓蒸蒸日上，能源、医学、生物工程、器官移植等领域均有他的身影，而其中最让人一言难尽的就是基因检测。

如果说当年文特尔在珀金埃尔默公司提出的那个私人全基

因组测序属于异想天开，那么随着技术进步，在今天倒也不算天方夜谭了。

但是，把 DNA 序列读出来不难，难的是读懂。文特尔在 2017 年发表了一篇论文，把 DNA 测序和大数据混在一起，包装出了基因检测这个概念，即利用统计归纳的方法，分析出什么样的 DNA 序列可能和什么样的疾病有关。

这种说法在学术上就不太成立，用行话讲就是相关性不等于因果性，更何况文特尔等科学家用来证明相关性的统计学证据也不是很靠谱。

2013 年，演员安吉丽娜·朱莉通过基因检测发现她罹患乳腺癌和卵巢癌的风险很高，于是预防性地先后切除了自己的乳腺、卵巢和输卵管。此事是非不论，但客观上是给基因检测添了一把火。

最近几年，市面上各种基因检测如雨后春笋般冒了出来。采集人的唾液做个基因检测，就能告诉你祖上打哪儿来，这辈子容易得什么病，甚至还能预测桃花运，个别服务还会顺势给你推销保健品。

我们曾在实验室里核算过，这些服务收费一般也就两三百元，贵点的豪华套餐顶多一千元，就这点钱根本抵不上各种实验耗材、试剂和人力成本。既然做实验赔钱，那就不做实验，用机器随机生成一份结果。

所以有时候同一个人的样本，今天测出来告诉你祖上是中国人，明天再测可能就是外国人了。

而对于文特尔，我最早听闻他的大名时还在读小学，当时人类基因组计划刚刚完成。在少年时的我看来，他就是一个以一己之力打败全世界的古典主义英雄，也理所当然成了我当时的偶像。

而后，随着我涉足科学传播领域，经历了多年在学术界的打拼，初窥了这个世界的复杂，也开始了解到文特尔一手缔造的生命科学的资本格局对于后世有多么巨大的意义。也许还是那句老话：古之成大事者，无不誉满其身，谤满其身。

其实，人类基因组计划很能体现出人类在探究一个问题的过程中，对于问题本身的理解一步步演变的历程。在人类基因组计划之前，美国曾经先行上马过另一个国家级科研项目，叫作"癌症治疗计划"。然而这个计划推行几年后便不了了之，因为参与的专家发现，如果要充分了解癌症，就必须了解基因，而当时人类的基因组还远远没有测序完成，为此美国才上马了"人类基因组计划"。

　　在这个计划中，包括文特尔在内的一众科学家开始将当时而言非常先进的计算机引入到了项目当中，才使得"鸟枪法"测序成为可能，而这又开启了"生物信息学"领域。后来，人们意识到仅仅知道 DNA 序列还不足以洞悉生命的奥秘，于是又开始进一步研究转录组（RNA 组）和蛋白组，为此继续深挖生物信息学，开发出了基本的算法。

　　在 2010 年后，计算机的算力有了巨大的飞跃，之前长期停滞的转录组与蛋白组研究便也进入了高速发展轨道，如今包括中国与美国等世界主要科研强国，都为生命科学研究配置了强大的计算机与高性能显卡，相信不久之后，人们对基因的理解又能更进一步。

第三章　探秘人类嵌合体现象

你侬我侬，忒煞情多。

情多处，热如火。

把一块泥，捻一个你，塑一个我。

将咱两个一齐打破，用水调和。

再捻一个你，再塑一个我。

我泥中有你，你泥中有我……

在传统文化中，合体似乎是情侣之间一种恩爱到极致的表现。不但中国如此，在希腊神话中，湖中水仙萨耳玛西斯（Salmacis）对赫马佛洛狄忒斯（Hermaphroditus）也爱得深沉，向天许愿要和他永远在一起。于是神满足了她的愿望，这对异性恋就合体了，后来成为一个雌雄同体的神。于是，赫马佛洛狄忒斯的名字也就成了"雌雄同体"（hermaphrodite）一词的词源。

　　而在现代通俗文化中，合体已不仅仅是异性恋的专利了，从孙悟空、贝吉塔到葫芦娃七兄弟，一经"合体"，战斗力瞬间飙升几个数量级，让电视机前的小朋友们个个热血沸腾，恨不得马上拉上个小伙伴去合体战斗。

"合体"

那么，科学会允许我们"合体"吗？

自然发生的"合体"非常少见，"成品"极少。显然，要想把两个大活人合体到一块儿，可不是揉碎混匀再捏两下这么简单。不过，如果把"合体"的范畴稍微拓宽一些，这事还有商量的余地。

在自然状态下，处于胚胎阶段的两个个体会有极小的概率"融合"到一起——这两个胚胎的细胞会像充分混匀的红豆和绿豆一样难以分开，共同组成一个婴儿。

在希腊神话中，有一种由狮子、蛇、羊三种动物彼此嵌合而成的怪物叫作喀迈拉（Chimera），早期的科学家们运用了这个典故，将这些由多个胚胎融合而成的个体也命名为"喀迈拉"。只不过，当初将它翻译成汉语的人似乎对神话并不感兴趣，直接将 Chimera 意译成了"嵌合体"。

喀迈拉

自然发生的嵌合体非常少见。不少情况下，胚胎融合诞生出的都是融合到一半的"半成品"，也就是我们常说的连体婴儿。由此看来，"合体"这种"不自然"的事情，交给大自然似乎也不是那么靠谱。

但是这类现象却深深地启发了科学家们，他们迅速意识到：尽管动物的成体不能直接融合，但是至少在胚胎发育的某个阶段里面，两个独立的胚胎存在水乳交融的可能性。对科学家们而言，"合体"不但是一个有趣的研究课题，更可能是一种研究动物胚胎发育机制的潜在手段。

有趣归有趣，但真的做起来就不那么简单了。不，应该说是困难重重才对。

黑白小鼠"合体"，未被重视的成功案例

经过反复摸索，科学家们将"合体计划"锁定在了胚胎早期一个特殊的阶段——囊胚（blastocyst）。

我们每一个生命体都来自一个叫作"受精卵"（zygote）的全能细胞，随后，这个巨大的细胞便会卵裂——一分二，二分四……形成一个包含数十个卵裂球的"桑椹胚"（morula），在桑椹胚阶段，胚胎发生第一次细胞分化，并产生一个腔隙而

形成囊胚。

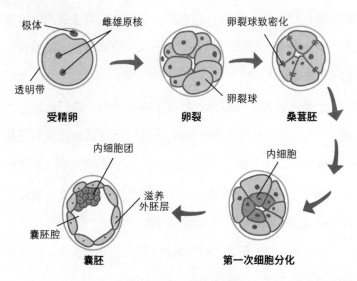

哺乳动物早期胚胎发育过程

　　囊胚在结构上可以分为两个部分：一个是外围的"滋养外胚层"；另一个则是内部的"内细胞团"——这一团当中的细胞，便是大名鼎鼎的"胚胎干细胞"。组成我们身体器官的每一个细胞，都是这团胚胎干细胞的后代。

　　从理论上来讲，只要把来自两个囊胚的胚胎干细胞混到一起，就有可能弄出个嵌合体来。基于"人类未动，小鼠先行"这条生物学研究铁律，1968 年，剑桥大学的生理学家 R.L. 加德纳（R.L.Gardner）首先将一只黑毛小鼠囊胚的内细胞团塞到了一只白毛小鼠的囊胚腔中。

在发育的过程中，这两只小鼠的内细胞团融合到了一起，最后出生了一只黑白相间的"奶牛色"小鼠——这首次证明了人工制造嵌合体的可能性。只不过在他那个年代，这种工作既缺乏实用价值，也没能如预想般加深太多对胚胎发育机制的理解，因而充其量只能算是科学家的自娱自乐，在学术界并未引起多少关注。

黑白小鼠胚胎"合体"后得到的嵌合体小鼠

体外培养"合体"材料：嵌合体技术登台亮相的大前提

1981 年，是干细胞学界的春天。那一年，剑桥大学的生物学家马丁·约翰·埃文斯爵士（Sir Martin John Evans）与马修·H. 考夫曼（Matthew H.Kaufman），和美国加州大学教授盖尔·R. 马丁（Gail R.Martin）几乎同时发明了小鼠胚胎干细胞的体外培养技术。

　　他们将小鼠的胚胎干细胞从囊胚中分离出来，培养在一类可以强烈抑制其分化的特殊培养体系中，使之永远维持在胚胎干细胞的状态。这些具有分化成所有体细胞潜能的细胞，从此不只是在囊胚中的昙花一现。

　　较之成熟的动物个体，体外培养的细胞更容易实现各种基因编辑，同时又具备着分化成所有类型体细胞的潜力。因此，立刻有人意识到，这很可能带来一场制造基因编辑动物的技术革命。

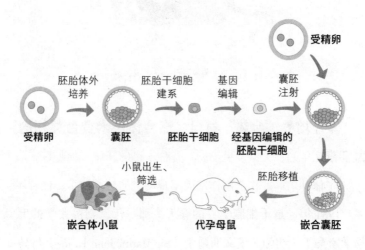

利用嵌合体技术编辑小鼠基因的一般流程

但是，光有胚胎干细胞是没法儿直接产生动物个体的。怎么才能把养在盘子里的胚胎干细胞，变成养在笼子里活蹦乱跳的实验动物呢？这时候，埃文斯爵士注意到了加德纳"奶牛色小鼠"。

他尝试将体外培养的胚胎干细胞直接注射到囊胚腔，结果很幸运地发现，和加德纳在囊胚中混合的内细胞团一样，体外培养的胚胎干细胞可以参与形成嵌合体。

哺乳动物接连"合体"：进程卡在灵长类上

从那以后，新世界的大门被打开了。埃文斯发明的囊胚注射胚胎干细胞技术简单高效，经过后人的改进并臻于成熟后，时至今日都是制造基因编辑动物的主要手段之一。作为胚胎干细胞学的奠基人，埃文斯爵士也由于这项划时代的成就而获得了 2007 年诺贝尔生理学或医学奖。

一时间，冒险家们蜂拥而至。

十几年间，大鼠、兔子以及各种家畜的胚胎干细胞也相继实现了体外培养。作为制作基因编辑动物的核心技术，嵌合体技术在科研、畜牧等领域的作用变得举足轻重。从某种意义上说，二十世纪的八九十年代，正是嵌合体技术发展得如火如荼的盛夏。

但在这一片繁荣之上，却飘着一朵令人不安的乌云。

与小鼠的巨大成功形成鲜明对比的是，包括人类在内的灵长类胚胎干细胞却始终不能在体外培养。

灵长类胚胎干细胞体外培养：千呼万唤始出来

灵长类胚胎干细胞在生物医学研究中的重要性不言而喻。然而，灵长类胚胎干细胞研究不但难度大到令人发指，而且总是面临着毫不留情的伦理争议，是干细胞学领域的一大难题，折磨着一代又一代干细胞学家。

好在功夫不负有心人，经过多年求索，美国发育生物学家詹姆斯·汤姆森（James Thomson）终于取得了一些进展。1997年，他成功体外培养了四株猕猴的胚胎干细胞，次年他又实现了人类胚胎干细胞的体外培养。

灵长类人工嵌合体的诞生终于近在咫尺了。

真的近在咫尺了？并没有。

出乎所有人的预料，尽管汤姆森从灵长类囊胚中分离培养的肯定是胚胎干细胞，但是这些胚胎干细胞竟完全无法参与形成灵长类的嵌合体。这个让人崩溃的结果告诉科学家们，干细胞学领域的难题依然很难解决。

更无奈的是，就在汤姆森实现这项令人丧气的重大突破之时，命运女神仿佛也已经决定弃嵌合体技术而去了。

1996年，一只名叫"多莉"的绵羊在苏格兰呱呱坠地，伴随它的诞生，一种叫作"克隆"的崭新技术在干细胞领域冉冉升起。有了克隆技术，人们完全可以一步到位地制造出"纯而又纯"的动物。反观嵌合体，再怎么折腾，制造出来的也是多个胚胎"合体"产生的"杂种"。随着越来越多种类动物被成功克隆，嵌合体制造技术逐渐开始退居二线。

前有令人毫无头绪的技术瓶颈，后有新生代技术的步步进逼，灵长类嵌合体这条道路，在二十世纪末，眼看着就要步入死地。

东山再起："融合"不成，"黏合"出一个灵长类嵌合体

克隆技术盛极一时，绵羊"多莉"的大名一度无人不知。但历史是如此惊人的相似，克隆技术几乎精确重复了嵌合体技术走过的峥嵘岁月——它一路繁荣，却在灵长类的克隆上走得无比命途多舛。

从2007年起，作为长江后浪的诱导性多能干细胞（iPSC）

技术强势崛起，轮到克隆技术由盛转衰，利用克隆技术编辑灵长类基因的想法也随之变成了镜花水月。也正是这时候，科学界终于决定重新审视灵长类嵌合体技术的可能性，嵌合体技术开始了它的涅槃重生。

而迈出这关键一步的人，正是研究灵长类胚胎干细胞的泰斗级人物，美籍哈萨克斯坦裔科学家雪合来提·米塔利波夫（Shoukhrat Mitalipov）。

如何才能获得灵长类的嵌合体呢？在无数干细胞学家的心中，这个难题仿佛是一片永远挥之不去的阴霾。无数前辈前赴后继却无功而返，到二十一世纪初，一般人已不敢去冒险涉足这个领域。

但米塔利波夫不是一般人。

既然直接注射灵长类胚胎干细胞不能获得嵌合体，米塔利波夫的团队尝试回归原始：直接将一只猕猴囊胚的内细胞团移植到另一只的囊胚腔中，这也是历史上第一只嵌合体小鼠的制作方法。

万万没想到，这两个内细胞团却并未融合到一起，而是分别形成了独立的猕猴胚胎，使代孕母猴怀上了双胞胎。

"合体"再次失败。

要是一般人，做到这份儿上也该放弃了。但米塔利波夫团队一不做二不休，决心再搏一把。凭借多年的胚胎操作经验，他们设计了一种极具创意的方法——把三个还处于四细胞期的猕猴胚胎直接黏合在一起。

终于，他们成功了，几天后，三个猕猴胚胎如愿以偿地融合到了一起。利用直接黏合胚胎这种听起来简单粗暴的方法，米塔利波夫的团队在人类历史上第一次实现了灵长类的"合体"。

总结教训："合体"失败是因为胚胎干细胞不够"幼稚"。

米塔利波夫还在同一篇论文中推断了前人不能获取嵌合体猴的原因——体外培养的胚胎干细胞的"状态"有问题。

研究者意识到，体外培养的胚胎干细胞其实存在两种不同的状态（State）：幼稚态（Naive State）和启动态（Primed State）。

打个比方，我们的身体就像是一个社会，其中每一个体细胞都被训练得高度"专业"以适应自己的功能。而胚胎干细胞就像是还没有接受过任何专业训练的学生，具有从事各种职业的潜能。

其中，"幼稚态"的胚胎干细胞好比是小学生，还没有任何专业倾向，因此成长为任何职业的人都没问题；而"启动态"的胚胎干细胞就好比是大学生，虽然也叫学生，但实际上已经有了专业分化，尽管还存在跨专业求职的可能性，但是基本都会在本专业范围内找工作。

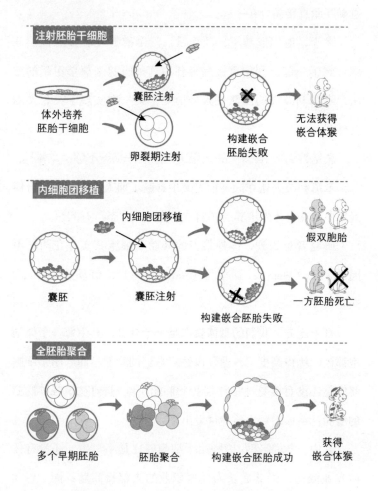

米塔利波夫为了探索灵长类嵌合体所设计的三个实验

大部分哺乳动物的发育机制比较灵活，它们的"大学生"想要换专业虽然不容易，但也不是不可能；而灵长类的发育机制则非常死板，对于"转专业"的容忍度极低，甚至还会故意排斥"计划外"的"大学生"。

问题的关键，正在于汤姆森等科学家用来培养灵长类胚胎干细胞的培养液，恰好会把它们诱导成"高年级的大学生"——还去了不太好找工作的专业。

米塔利波夫这一假说可谓一举重燃了全世界制造灵长类嵌合体的热情。瞬息之间，嵌合体研究原地满血复活了。

目标明确：要"合体"，先设法让胚胎干细胞"幼稚"到底

米塔利波夫一语道破本质，令各路科学家誓要不择手段地把胚胎干细胞都变成像名侦探柯南一样的万年小学生。短短两年时间，各种号称可以将灵长类胚胎干细胞转化成"幼稚态"的培养体系如雨后春笋般迸发出来。

其中，有五大体系最为引人注目：干细胞学界一代宗师鲁道夫·耶内施（Rudolf Jaenisch）主导开发的耶内施体系；北京大学邓宏魁团队所开发的邓宏魁体系；以色列科学家雅各

布·H.翰拿（Jacob H.Hanna）等开发的翰拿体系；美国"命运疗法公司"（Fate Therapeutics,Inc.）开发的弗林体系；美国生物化学家汉内莱·罗霍勒-贝克（Hannele Ruohola-Baker）等开发的贝克体系。他们堪称灵长类胚胎干细胞学界的"五岳剑派"。

武林高手用拳脚论高下，而科学家则要用实验来分伯仲。最终决定胜负的必须是嵌合体实验，但是在数年内他们都不敢轻易尝试直接制造嵌合体猴。

打响试探第一枪的是邓宏魁。

2014年，邓宏魁团队将他们培养的"幼稚态"猕猴诱导性多能干细胞注射到了小鼠的囊胚当中，结果邓宏魁的团队在一部分发育到十点五天的小鼠胚胎当中找到了极其微量的嵌合痕迹。但再怎么微量，这也是人类历史上首次通过囊胚注射的方法获得带有灵长类细胞的嵌合体。此后，他们很快又和中国最大的非人灵长类实验平台中国科学院昆明动物研究所宣布合作，全力开展灵长类嵌合体的攻关任务。此事眼看着将要被邓宏魁拔得头筹。

然而不久之后，事情却有了出人意料的发展。

2015年7月，当邓宏魁的研究还没有传出任何消息的时候，中国科学院动物研究所的副所长周琪和昆明灵长类转化医学研究中心的季维智、李天晴突然宣布，他们已经率先合作完成了食蟹猴嵌合体的构建工作。

万众期待的灵长类嵌合体被制造出来了，用的体系却不是邓宏魁的——在这新一轮的"华山论剑"中，原本并不算最出众的翰拿体系逆袭了。李天晴等科学家以翰拿体系为基础并加以改进，设计出了一种新的复合体系，利用被他们称为"类幼稚态"（Naive like State）的胚胎干细胞，完成了这项壮举。

李天晴等人在制作食蟹猴嵌合体的方法上也进行了一些革新。他们摒弃了传统的囊胚注射，而是采用桑椹胚注射法。他们成功制作了十四枚食蟹猴嵌合体囊胚，并很小心地把这些囊胚移植到五只代孕母猴体内。由于经过人工操作的食蟹猴胚胎存活率较低，所以他们给每只母猴都移植了两到三枚胚胎。

五只代孕母猴中，有四只都未能成功受孕，而剩下的一只，则一下子怀上了双胞胎。这可不是什么好事：食蟹猴子宫较小，怀上双胞胎很有可能会导致两个胎儿一起流产，而食蟹猴又有吞噬流产幼崽的习性。经过反复权衡后，李天晴的团队决定在怀孕到一百天的时候（食蟹猴正常怀孕周期大约是一百八十天），提前将食蟹猴胎儿剖腹取出。

经检测，这两只食蟹猴胎儿都是嵌合体，而且它们的嵌合比率都达到了较高水平。在不同的器官中，嵌合比率普遍可以达到 1% 到 18%，故有理由认为，如果让这两只嵌合体胎儿成功出生的话，它们已经可以满足相当多实验的需求。

尽管没有得到活的嵌合体猴个体略让人遗憾，但是他们的工作终于打破了灵长类"合体"的最后一道禁制，带来了新时代的曙光。

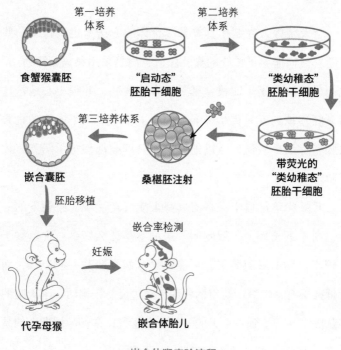

嵌合体猴实验流程

既不因畏惧后浪推前浪而深藏不露，也不因盲目崇古而故步自封，一代代人薪火相传，正是科学有别于其他思想的关键所在。加德纳、埃文斯爵士、汤姆森、米塔利波夫、翰拿、李天晴……无数科学家继往开来，终得以将"合体"这样的天方夜谭变为现实，这是最典型的一例明证。

其实，在"让动物长出人类器官"这个目标面前，长期以来一直有两条技术路线：一条就是本章所介绍的，通过嵌合体技术让动物长出人类器官；还有一条路线则是通过基因编辑技术让动物的某个器官不会在人类体内发生免疫排斥。

由于早期缺乏合适的基因编辑工具，大规模基因编辑的成本居高不下，因此，长期以来一直是前一条路比较被人所看好。然而随着 2013 年 CRISPR 的问世，基因编辑的瓶颈迎刃而解。一时之间，巨量的资本开始涌入这个行业，无数公司迅速崛起，瞬间就让后一条技术路线后来者居上。

第四章　克隆风云录

在开始讲述克隆的故事之前，我想先说一个寓言。

在一个遥远的小国，有一汪叫作"狂泉"的泉水，任何人只要喝一口狂泉之水就会变成疯子。然而这个国家所有的臣民都喝过狂泉之水，所以全都不太正常，唯独国王保持清醒坚持不喝。结果全国的疯子反倒觉得国王精神有问题，他们把国王控制了起来，想方设法"治疗"他的"疯病"。最终，国王实在受不了那些"疗法"的折磨，只能主动喝下狂泉之水。

其实，所谓的克隆，本质上也就是在细胞这么个蜗角之国中上演了这么一出"下克上"。

细胞之国中的小小政变

强行类比一下的话，在细胞里，细胞核就是国王，而细胞中其他的结构和成分就是臣民。一般来说，在这个小国家里，君臣同心，通常也整不出啥幺蛾子，直到它们遇到了生物学家。

1958 年，英国科学家约翰·伯特兰·格登（**John Bertrand Gurdon**）对一种叫作非洲爪蟾（Xenopus laevis）的蟾蜍的卵细胞来了一个"狸猫换太子"：他首先取走了这个卵细胞的细胞核，以一个爪蟾体细胞的细胞核取而代之。更"阴险"的是，他还对这个卵细胞用电流和化学药剂进行处理，这就相当于在卵细胞的"臣民"中散播谣言："你已经受精了，赶紧变成受精卵然后发育成胚胎吧。"

约翰·伯特兰·格登

约翰·伯特兰·格登并不是第一个进行核移植的科学家，但他最早阐述了其中的"重编程"原理。

这下子，"国王"和"臣民"就不对付了："国王"依然觉得自己是一个体细胞的细胞核，它希望自己的"臣民"去做一个体细胞的工作；而"臣民"们则并没有意识到"国王"已经被调包，纷纷"请求"细胞核"下达"让受精卵发育的命令。

在大部分情况下，气归气，怨归怨，领导布置的任务还得干。但是在卵细胞里，事情有点儿不太一样，因为卵细胞是多数动物体内体形最大的细胞，各种细胞成分以"人多势众"的架势，让细胞核感到"众怒难犯"，最终不得不改变自己的立场，让自己转型成一个卵细胞的细胞核来指导卵细胞发育成胚胎。

在这个过程中，卵细胞的细胞质让体细胞的细胞核转变了自己的运作模式，就像是计算机程序被重新编写了一样。所以克隆还有一个名字叫作"体细胞核移植重编程"（Somatic Cell Nucleus Transfer Reprogram）。

随后，生命科学领域掀起了一股股克隆浪潮，各路生猛海鲜、虾兵蟹将都被科学家克隆了个遍，比如我国著名的生物学家童第周就克隆过鲤鱼。

　　但是，有那么一群动物，从一开始就被排除在克隆技术之外，那便是哺乳动物。道理也不难理解，诸如鱼、虾、蛙的卵，不仅很大，而且会自己排到体外，操作成功丢回水里便能发育。

　　但是哺乳动物是胎生的，上述方法便不适用了。不过这个难题在二十世纪八十年代随着显微操作技术的发明迎刃而解，也就是从那个时候开始，一场震撼科学界约十年的大戏徐徐拉开了序幕。

一只羊引发的狂舞

　　凌晨四点的郊外，屠宰场里的工人正忙碌地分解着刚刚宰杀好的牛羊。而在屠宰场外，幽暗的夜幕之中则是影影绰绰的一大群人影，就像是严阵以待的秃鹫，虎视眈眈地期待着自己的猎物。终于，随着一声划破寂夜的金属碰撞声，他们的目标出现了，那是一车又一车还冒着热气的牛羊内脏，被当作肉类加工的废料堆积在屠宰场附近的空地上。刹那，所有人一拥而上，大家开始争分夺秒地从堆积如山的"下水（动物内脏）"中寻觅自己的宝藏。

　　说出来你可能不信，他们是一群科研人员，其中研究生长激素的就从里面摘点脑垂体；研究糖尿病的可能摘点胰腺；而对于研究克隆的人来说，他们的目标就是卵巢。他们必须趁着新鲜，将卵巢放进保温桶，然后快马加鞭送到附近的研究机构，紧接着迅速从中分离出卵子，并在体外培养起来。

在这个忙碌的凌晨，卵子的收成决定了这个实验室一天能做多少工作，而位于苏格兰的罗斯林研究所伊恩·威尔穆特实验室显然是比较幸运的，每天技术员披星戴月带回来的绵羊卵子不但足够全实验室一天的消耗，甚至还经常能剩下不少让大伙儿随便挥霍。

于是一些原本没有多少希望的实验项目也被好事者提上了日程，就是在无数次这样的无心插柳又有意为之的操作下，1996 年，一个石破天惊的成果——一只身世离奇的绵羊就这么奇迹般地诞生在了这个实验室里。

它的名字叫"多莉"，世界上第一只严格意义的克隆哺乳动物。由于克隆羊多莉的创造者们留下了详尽的实验记录，短短几年内，克隆这条科技树就宛如被打通了任督二脉一样蓬勃发展起来。

在多莉诞生的同年，日本科学家若山照彦（Teruhiko Wakayama）在夏威夷成功克隆小鼠。而在之后的 1999 年，韩国科学家黄禹锡则首次克隆出了牛。

克隆羊多莉

　　瞬息之间，克隆成了顶尖科技的代名词。当时的人们相信，万事俱备，一个科幻般的未来已经在地平线上迎着曙光招手了。

　　可以说，科学家的努力像是凿开了一汪狂泉之水，民众们迅速被这个超越时代的突破清空了理智，克隆被寄予远超实际的强烈期待。

　　人们惊叹着，叫嚣着，期待着，高谈阔论着，仿佛历史即将在此迎来终结。一时之间狂言鼎沸，甚至有人开始觉得自己即将成为第一代长生不老的人。

　　任凭科学家通过多少严谨实验去证伪，乏味的真相永远无法跑赢比肩神明的辉煌愿景。

如果这一切痴人呓语只存于街头巷尾的茶余饭后倒也罢了，然而当整个社会都处于躁动的风暴之中时，科学家又岂能独善其身？

这群在举国狂欢中竭力保持理智的"国王"终究还是在无穷无尽的逼迫与诱惑中痛饮了亲自挖出的狂泉之水。

日落之霾

自克隆羊多莉出生以来，英国人民仿佛集体梦回那个诞生了牛顿到达尔文等一系列名人的往昔盛世，作为实验室领导者的伊恩·威尔穆特（Lan Wilmut）更是荣获了"多莉羊之父"的美誉，在 1999 年荣获大英帝国勋章，诚可谓"春风得意马蹄疾，一日看尽伦敦花"。

只可惜，这个美好的童话却存在一个小小的瑕疵，这位"多莉羊之父"伊恩·威尔穆特根本就不是多莉的亲爹，多莉真正的缔造者其实另有其人，他叫基思·坎贝尔（Keith Campbell）。原来，当年在罗斯林研究所里，那个日日夜夜孜孜不倦地尝试各种参数组合，消耗成千上万颗绵羊卵子，苦心孤诣研究克隆技术的人，从一开始就是基思·坎贝尔，只不过他在当时的身份是实验室的主人伊恩·威尔穆特手下的一名博士后。

当坎贝尔打拼的时候，威尔穆特对此甚少过问，但是当坎贝尔创造奇迹的时候，威尔穆特却出手了。我们不知道这中间到底发生了多少内幕交易与阴谋阳谋。总之，在克隆羊多莉相关的论文中，第一作者和通讯作者全成了威尔穆特，而坎贝尔则被丢在了作者名单中非常次要的位置上，甚至在此之后，坎贝尔直接被赶出了罗斯林研究所，自此开始他颠沛流离四处寄人篱下的生涯。

讽刺的是，尽管克隆羊多莉为罗斯林研究所，也为威尔穆特的实验室带来了天价的科研经费与诸多资源，但是在坎贝尔离开之后，威尔穆特的实验室几乎再也没出过多少值得一谈的科研成果。

然而这尴尬的现状并不影响威尔穆特继续顶着"克隆羊之父"的光环四处骄横跋扈。

终于天道好轮回，他在 2006 年被一个前下属起诉了。在法庭上，此人把威尔穆特当年强抢坎贝尔成果的事情给捅了出来，甚至还拿出了坎贝尔当年留在罗斯林研究所的一份秘密备忘录来作为证据。在铁证如山面前，威尔穆特不得不承认，坎贝尔在克隆多莉的过程中至少有 66% 的贡献。霎时间，宛若一道正义的光从法庭上迸发出来，昭彰了这暗藏十年的罪恶，听闻此事的坎贝尔不由得感慨：我很惊讶，真没想到威尔穆特会把真相说出来。

此事越闹越大，甚至惊动了英国皇室，于是英国政府迅速对此做了一系列动作。最终到 2008 年，英国女王伊丽莎白亲自出面表示要对伊恩·威尔穆特授予骑士头衔，以表彰他在克隆领域的巨大贡献，而一众媒体更是心领神会，这么一个世纪大热点突然就消失不见了，仿佛它从未发生过一样。

在那之后，坎贝尔的生活可以用"彻底堕落"来形容，他人生的最后时光陷入了酗酒和癫狂之中。

直到 2012 年的某一天，据说坎贝尔在酒后和妻子发生争执并赌气上吊，结果不小心假戏真做"误杀了自己"，为这出闹剧留下了一个不该是结局的结局。

罗斯林研究所的负责人曾对此说过一句意味深长的话：威尔穆特是罗斯林最出名的人，事实上，威尔穆特也已是全英国最出名的科学家之一。

细细品味，也许克隆羊的巨大声誉真的已经化作了诱人的狂泉之水，让英国从上到下都深陷在一个太过美好的幻梦之中，以至于他们在潜意识中宁可颠倒黑白也不愿从梦中醒来。

而这或许并非英国人的疯狂，这是人类的疯狂，因为在地球的另一端，在另一个国家，也上演了同样的戏码。那件事情更是让克隆从此彻底遁入魔道，那就是黄禹锡事件。

黄禹锡事件

黄禹锡出身于韩国一个赤贫家庭，五岁丧父，全家六个孩子基本就靠母亲种田与养牛过活。他永远都记得从小到大，每当家里病死一头牛时，母亲愁容满面的样子。所以黄禹锡一直立志要做个兽医，因为他再也不想让牛病死了。

这位穷苦的少年就怀揣着这么个朴素的想法一路发奋读书，考入了首尔大学兽医专业并一路攻读到博士学位，随后又去日本北海道大学深造，也就是在那里，他第一次听说克隆技术。他迅速从中嗅到了未来的味道，并很快在回国后不久的1999年首次成功克隆牛，但他并未止步于此。

在接下来的数年间，黄禹锡的研究之路可谓异常顺畅，先后克隆出了世界上第一头抗疯牛病的牛和第一只克隆犬。

频传的捷报让黄禹锡成了克隆研究殿堂中最夺目的新星。一时之间，这个曾经一贫如洗的少年翻身成了民族英雄，韩国的科技象征，大韩航空甚至赠送了黄禹锡夫妇十年免费搭乘头等舱的资格。金钱、名望与举国的科研资源都向他倾斜，地球

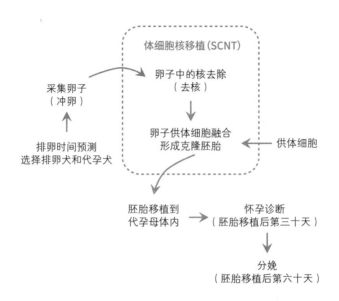

第一只克隆犬的实验流程

上每一个韩国人都在无限期待着他成为韩国史上第一个科学类诺贝尔奖获得者。

总之，不管黄禹锡肯不肯，能不能，该不该，他都必须接受克隆领域的最高挑战——借助于核移植重编程获取人类胚胎干细胞，也就是克隆出人类的早期胚胎，并从中提取出对于医学而言有着重大价值的胚胎干细胞。

然而，这事哪有那么简单。

一方面，被转移到卵细胞里面的细胞核属于"赶鸭子上架"。这种"外行指挥内行"的结果，就是绝大多数克隆胚胎都难以正常发育，以至于"胎死腹中"。

另一方面，对于猪、狗、牛、羊之畜，反正有屠宰场的无限量供应，研究者收集成千上万的卵细胞，做成千上万次核移植，本着"枪打多了总会中靶"的思想去尝试，总会瞎猫碰上死耗子地试对那么几次参数。但人类是一个月才排出一颗卵的物种，加之包括人类在内的大部分灵长类动物的细胞核似乎非常特殊，克隆牲口的实验参数对于克隆灵长类而言几乎毫无参考价值。利用核移植重编程技术获得的人类胚胎总是在几天之内就会发育停滞，继而死亡，从中根本无法提取出任何胚胎干细胞。

更不利的是，当时的克隆哺乳动物领域是一座真正的黑暗森林，无数科学家正夜以继日地研究克隆人类胚胎干细胞的技术，但他们所有人都会对自己的研究进展守口如瓶，因为谁也不知道别人已经突破了多少技术瓶颈，任何一丁点儿泄密行为都可能将这克隆技术中最璀璨的明珠拱手让人。韩国本就不是生命科学多发达的国家，欧美和日本的强悍技术在韩国人眼中从来就先进得近妖，如今又要在这样的暗幕之下参与人类最前沿的科技突破的竞争。

所以无论是黄禹锡本人还是整个韩国，都笼罩在了难以想象的惶恐与焦虑之中，但这是赌上国运的一搏，没有回头路了。

终于，2004年2月，黄禹锡在科学界最具影响力的杂志之一《科学》上发文宣告了自己的胜利——在对多达两百四十二颗人类卵细胞进行核移植的尝试后，他的研究团队成功提取出了十一株人类胚胎干细胞。

报道一出，天下震惊。

然而，几乎在黄禹锡发表论文的瞬间，对他的质疑便已暗潮涌动。

事实上，黄禹锡在《科学》上发表的论文在逻辑上并不完备。克隆是一个很容易出现假阳性的技术，通俗点儿说，就是会存在很多情况让人以为自己克隆成功了，但实际上并没有成功。

所以通常情况下，对于克隆的产物都要经过很多非常严苛的检测，来证明这确实是克隆出来的，而不是实验中各种操作失误带来的副产物。黄禹锡的论文恰恰没有走完全部的检测程序。实际上，就连这篇论文本身也是《科学》杂志编辑慌乱中的产物。

2004年，在万众期待克隆新突破的氛围下，不仅是科学家，这些学术期刊本身也处在令人窒息的压力之中。这种跨时

代的巨大突破从来就是各大科学期刊竞相追逐的热点，就像
NBA 的俱乐部经理们都愿意不计代价地把顶级球员签到自家
门下，这些学术期刊的编辑对克隆相关的论文也是不敢有须臾
松懈。

　　所以尽管黄禹锡的论文在同行评议过程中就被指出存在漏
洞，但《科学》的编辑还是出于对被人截和的担忧以及对黄禹
锡的信任，强行上线了这篇论文。

　　隐患从此埋下，接下来的几个月可能是黄禹锡一生中最漫
长的时光。朝来暮去，光阴荏苒，国际上居然一直都没人能独
立复制出黄禹锡的研究成果，期待渐渐化作了不安，不安渐渐
化作了焦躁，焦躁又渐渐化作了恐惧。

　　而韩国政府偏偏又在此时大大增加了自己的赌注，2005 年
1 月，韩国政府为黄禹锡量身定制《生物科技道德法》，这意味
着是为黄禹锡的克隆研究扫清了一切伦理和法理障碍，之后更
是为其追加了上千万美元的科研经费。

　　而这一切，似乎就是在暗示黄禹锡必须再做出一点儿更加
劲爆的科研成果来。不知是因为绝望还是虚荣，黄禹锡心一
横，踏破了那条作为科学家无论如何都不能碰触的底线——学
术造假。

　　2005 年 5 月，同样是在《科学》杂志上，黄禹锡发文宣布

其团队克隆出了十一株病人的胚胎干细胞。

这种完全无视科研规律的神速在学术圈内基本形同自爆，国际上对黄禹锡积压已久的质疑开始爆发，并最终因为一件小事引爆了整个学术圈。

黄禹锡被自己的团队成员举报了。突然之间，黄禹锡的一系列恶行被公之于众，挪用科研经费、洗钱、贪污、强迫手下女研究人员捐献卵子等。

在调查过程中，黄禹锡实验室的实验记录和原始数据也被一并翻了出来，而这一切原始记录的曝光也最终坐实了黄禹锡不但在克隆病人胚胎干细胞的事情上学术造假，而且连他之前克隆一般人胚胎干细胞的成果都是镜花水月。

其实从事后来看，黄禹锡2004年的论文很可能不是主观造假。因为后来的调查表明，黄禹锡当时实际上制造出的是人类"孤雌胚胎干细胞"，能提取出这种细胞本身也是超越时代的重大突破，他没必要去用这个造假。但此时此刻，这一切已经不重要了。

当时只见世界轰动，舆论哗然。当神明跌落神坛时，他就注定会被自己曾经的信徒践踏为尘埃。

黄禹锡首次承认自己学术造假的12月15日被韩国人视为科学界的"国耻日"，甚至有黄禹锡的粉丝无法接受这样的事实而自焚，而韩国政府与民众此前对黄禹锡近乎离谱的支持更是统统成了他的原罪。

不过我倒是觉得，对曾经骑虎难下的黄禹锡来说，此刻的身败名裂反倒是一种解脱。最终，黄禹锡被解除一切职务，取消全部头衔，收回所有荣誉，并被判处有期徒刑两年，缓刑三年执行。

克隆的诅咒

除了被贬杀的坎贝尔与被捧杀的黄禹锡，最早克隆小鼠的科学家若山照彦后来也没能逃离克隆的魔咒，在数年后的"小保方晴子事件"中惹了一身麻烦，此事在后面的章节再讲。总之，这些在当年的克隆技术热潮中一时风头无两的人物，最后的下场都很凄惨。

那么，世界有没有因此而冷静下来反思这段疯狂的岁月呢？

有，也没有。说有，是因为人们确实反思了；说没有，是因为这份反思又让人们迅速陷入了另一个极端。由于克隆技术在表面上多少有一点儿"违逆天道"的感觉，所以从它诞生之初，其美妙愿景之下就一直潜藏着污名。而在 2003 年发生的一件事终于让这份指责走到了台前，简单来说，克隆羊多莉——死了。

它在 2003 年因为肺癌去世。这个消息马上在世界范围内掀起波澜，因为一般的绵羊寿命通常在十二年左右，而多莉的寿命只有七年，基本算是英年早逝了。

多莉生而克隆起，多莉死则克隆崩。尽管科学家迅速证明多莉早逝的原因，是早期克隆技术不成熟导致胚胎受损，以及后天不合理的饲养方式的共同结果，而且后来克隆技术成熟后也几乎没再出现过这种早衰现象，但能裹挟情绪的流言永远比严谨的科学论证更能俘获人心。时至今日，依旧有很多人相信克隆动物会因为所谓的"端粒太短"而早衰。

遑论在人心最狂热的二十一世纪之初，这些传言能搅起何等人心惶惶的舆论旋涡？！克隆技术的形象旋即崩塌，越来越多的人开始相信这是一种不自然、不人道、不正当的技术，而这些思潮最终在 2006 年随着一大堆科学家丑闻的披露而轰然引爆，让克隆领域从此被千夫所指。

生活的无情之处就在于，当你坠入谷底，以为不可能更糟的时候，现实总会以一种充满创意的方式裂开大地，让你知道还有更深的罅隙。

因为刚巧同样就是在 2006 年，一位日本科学家突然发明出来一种堪称魔幻的黑科技，顷刻之间抹除了克隆技术在医学上的全部价值，那就是山中伸弥（Shinya Yamanaka）发明的诱导性多能干细胞技术。

简单讲一下这两种技术的区别。如果用于医学领域，最关键的一步是获得胚胎干细胞，因为这是修复器官的核心原料。如果用于克隆领域，首先需要取一些 A 个体的皮肤细胞，然后再找来一些 B 个体的卵细胞，去掉卵细胞核后把皮肤细胞的细胞核塞进去，将其培养成一个早期胚胎，再把这个胚胎杀死来提取其中的胚胎干细胞。

而诱导性多能干细胞技术却可以一步到位，简单加几种试剂就把来源细胞直接变成胚胎干细胞。

六年之后，山中伸弥便与克隆技术的开拓者之一约翰·格登一起获得了诺贝尔生理学或医学奖，然而此时的格登几乎放弃了在克隆领域的研究，转投诱导性多能干细胞技术门下了。而他的抉择不过是无数克隆领域科研工作者的一个缩影。

从来只见新人笑，何曾见得旧人哭，曾经喧嚣鼎沸的克隆领域如今背负一身骂名，在门可罗雀的寂寥中等待着自己似已注定的终焉。

然而，就在这个时候，一个悲壮的英雄登上了历史舞台。

负重前行

多年以后，当面对最后一只流产猴胎儿的时候，米塔利波夫总会想起他背井离乡的那个下午。

1961 年，一位名叫雪合来提·米塔利波夫的婴儿降生在了当时还属于苏联的哈萨克斯坦的一个牧民家中，那时的他还不知道自己将会用一生来诠释什么叫生不逢时。

米塔利波夫一直是个很勤奋的孩子，他参过军，退役后靠勤工俭学在俄罗斯国立农业大学取得了遗传学学士学位，接着作为首席牲畜专家在集体农庄短暂工作一段日子后，于 1991 年在莫斯科的医学遗传学研究中心获得博士学位。

然而，但凡了解历史的朋友都知道 1991 年发生了什么事。

覆巢之下焉有完卵，本该前途大好的米塔利波夫就这么莫名其妙地刚毕业就失业了。为了有口饭吃，他开始和当时许多苏联的青年学者一样，拼命向西欧和美国投递简历，但四年的辛酸换来的却是他不得不抛妻别女，只身一人前往美国。

然而他逃离得了家乡却逃离不了命运的桎梏。又是几经辗转，到 1998 年，他终于在俄勒冈国家灵长类研究中心获得了一份稳定的教职。随着 1996 年克隆羊多莉的诞生，世界迎来了克隆大潮，然而出于种种原因，美国在这轮风口中慢了一拍，结果就是猪、狗、牛、羊之畜的世界首次克隆案例尽数花落别家。

虽然手里的牛排突然有点儿不香，但作为世界科技强国抓大放小也未尝不可，只要领域内最肥的一块肉自己独吞，其他国家想分点儿汤喝也无所谓。

因此，美国科学界理所当然地早早就盯上了克隆领域的巅峰——克隆灵长类。而米塔利波夫所在的俄勒冈国家灵长类研究中心刚好就是全美顶尖的灵长类研究机构，米塔利波夫自己又刚好曾作为首席牲畜专家在苏联的集体农庄短暂工作过一段日子，所以他刚好是这个顶级研究所里为数不多有兽医背景的生物学家，于是这个从苏联逃来的落魄青年就这么扛起了美国的克隆梦。

谁知这梦一做便坠入了无底的深坑。

克隆猴的工作无比单调。灵长类的细胞十分特殊，其他动物的克隆参数对克隆猴的指导意义有限，米塔利波夫和他的同事们只能在极为有限的理论指导下，穷举着每一种可能有效的技术参数，用极为有限的灵长类卵细胞不断地尝试，失败，再尝试……宛如是在一条不知何处是尽头的黑暗道路中寻觅那渺茫的光明。

春去秋来，年复一年，克隆灵长类的研究却一直毫无进展，唾骂声随之接踵而至。

在美国用猴子做实验一直是个吃力不讨好的事情。一方面，美国地处北美，在我国是二级保护动物的猕猴搁美国就是外来入侵物种，诸如这样的种种问题导致猴子的运输、操作等各方面都需要耗费高额成本；另一方面，美国一直有各种反对动物实验，尤其是反对灵长类实验的民间团体，随着时间推移，这些势力还和反克隆思潮搅和在了一起，行为也随之越发激进。

　　最终到 2003 年，随着克隆羊多莉的早逝，连学术界也不再掩饰对克隆的失望之情，来自剑桥大学、麻省理工学院等众多科研院校的数名顶尖专家在《科学》杂志发表反对评论。

　　而紧随其后的黄禹锡事件更是让"灵长类不可克隆论"甚嚣尘上，但米塔利波夫还是下定决心要挑战这条"天律"。

　　又是数年之功，米塔利波夫终于破解了灵长类难以克隆的谜团，原来是因为灵长类的卵特别不稳定。还是用"国王"和"臣民"来打比方：克隆，或者说体细胞核移植的过程相当于把卵细胞原来的"国王"驱逐，扶植了一个外来的新"国王"上位，但是政权更迭毕竟是个大事，如果在此期间民心思变的话，就会让国家陷入危机。

　　知道了问题所在也就有了解决之道，于是米塔利波夫又是几经尝试，终于试出了一味猛药——咖啡因。

　　咖啡因是一种蛋白磷酸酶抑制剂，它可以暂时抑制卵细胞中的某些信号通路，让卵细胞在实验操作过程中保持稳定。

这个答案，他追寻了九年。

通过在克隆实验体系中引入咖啡因，米塔利波夫终于在人类史上首次克隆出了猴子的胚胎干细胞。

如果故事在此结束，那米塔利波夫简直就是一个童话中的人物了，但现实不是童话。

这九年皓首穷经给他换来的不是苦尽甘来，却是一声物是人非的悲叹。

因为此时已是 2007 年，比山中伸弥发明诱导性多能干细胞技术晚了一年，就是这一年之隔，直接让这个本应吹响时代号角的重大突破陨落成了旧时代的一抹残阳返照。

我经常在想，如果没有黄禹锡事件，米塔利波夫或许就能少受些误导，少走点儿弯路；如果克隆领域没有接二连三爆出那么多负面新闻，米塔利波夫的投资人或许就能坚定决心给他更多资源，说不定能让这重大突破提前个两三年问世，躲过山中伸弥的截杀。

只可惜历史没有如果，只有结果。反对的狂潮席卷而来，米塔利波夫与俄勒冈国家灵长类研究中心都被逼到了极限。

内忧外患之下，谁也拖不起了，他们必须立刻发动一场决战。

豪赌

由于克隆的医学价值已经几乎不复存在了，他们就锁定了克隆领域仅存的终极目标——克隆猴。

之前的克隆胚胎干细胞只需要这个克隆出来的胚胎发育几天，分裂出足够多的胚胎干细胞就行了，但是克隆出猴子则需要这个克隆胚胎顺利走完全部的胚胎发育周期，技术难度无疑是更上了一层楼，但相对的收益也不可相提并论。

量产的克隆猴几乎每只都一模一样，用来做实验可以大大减少误差，同时克隆猴还能极大降低制造基因改造猴的成本。可以说，如果真能把猴子克隆出来，整个世界的医药开发和生命科学基础研究都将由此脱胎换骨。

于是从 2007 年起，米塔利波夫倾尽研究中心的资源，发起了一场孤注一掷的豪赌。

一般来说，平均一只雌猴子一生大概只能取三次卵，平均一次只能取出约十五颗卵子用于科学研究。

而米塔利波夫在三年内一口气耗费了一万五千颗猴卵子，倾其所有向克隆猴的山巅冲去。

这成千上万的克隆猴胚胎被小心翼翼地植入大量代孕母猴体内。

　　紧接着就是令人焦心的等待，猴子的怀孕周期是一百八十多天，只有等克隆猴成功出生，长大，他才能宣布自己的胜利。但绝大多数克隆猴胚胎甚至都没能成功着床，但没事，在这庞大的基数下，依旧有为数不少的胚胎开始在子宫中逐渐成长了起来。

　　日复一日，一只又一只克隆猴胚胎流产了，但不怕，还有剩下的。透过 B 超，米塔利波夫能看到业已成形的克隆猴胚胎那若有似无的胎动。

　　最终他还是输了。2010 年，最后一只克隆猴胚胎在妊娠八十一天后以流产告终。米塔利波夫的克隆猴之梦也至此彻底破灭。

虽千万人吾往矣

　　时间还要回溯到 2008 年。在那年的西双版纳，徘徊着一个失意的年轻人，他叫孙强。那一年，他还只是被华东师范大学派驻到西双版纳的一名讲师。在过去的一段时间里，他负责开发了一些猴子的试管婴儿技术，但他与猴子的缘分似乎也到此为止了。

　　有些院校和企业，更偏好一些"短平快"的研究，花上三五年的时间，投入几十万元的资金，发几篇高质量论文，上可告慰领导，下能引来风投。而研究猴子就是典型的反例，不仅研究进展缓慢，而且十分消耗资金，最不受人待见。

就是在这样的低谷中，一个来自千里之外的机会却意外垂青了他。

同样是 2008 年，在上海，中国科学院神经科学研究所的所长蒲慕明正准备以研发转基因猴为目标筹建非人灵长类研究平台，这个决定让他一时近乎被骂声淹没。

要知道，当时中国的神经科学可刚从一穷二白的状态走出来，若是有人主张将资金投入这种公认的无底洞里，必定遭到指责。

但蒲慕明一直希望自己可以亲眼看见中国成为一个真正意义上的神经科学强国领跑世界，他已经下决心把他的夙愿寄希望于非人灵长类研究上。

孙强的爱人当时正好在神经科学研究所工作。反正都快失业了，孙强便欣然接受了蒲慕明的邀请，来到神经科学研究所开始了他的非人灵长类研究生涯。为了快速开展非人灵长类研究，研究所领导和孙强决定把实验猴平台直接安置到某个猴子养殖场附近。

但这就导致猴平台所处位置极其偏僻，出门就是一片荒野。遥想当年我被派驻到那里工作的时候，晚上睡觉时被窝里还钻进过老鼠，不过按那里工作人员的说法，我去的那年条件已经好多了。

他们说之前有次下大雨，平台还差点儿被淹了，后来他们决定女人撤离，男人留下抗洪，才把猴房保住了。

不过比起条件简陋，人手不足才是孙强早期遇到的最棘手的问题。在中国能操作猴子的人本就万中无一，当年肯跟着孙强一起赴任的也就俩技术员，所以大部分工作孙强都得亲力亲为。有一次，孙强因为那里晚上太黑，骑车摔了一跤，直接导致锁骨骨折，结果他为了不浪费猴卵，愣是悬着胳膊花一星期的时间做完实验才去就医。结果那时锁骨已经错位愈合，不得不切断重新连接。

可能就是凭着这种拼命三郎式的狠劲，这个白手起家的实验平台迅速做出了一些不错的科研成果，渐渐堵上了一众悠悠之口。随着生存危机的解除，2012 年，孙强终于开启了属于他的克隆猴项目。

十年奋斗无人问，一朝出世天下惊

作为一个内容创作者，我的确很希望孙强的克隆猴研究也会像之前提到的先辈们一样，放眼望去尽是艰难险阻与百折不挠，字里行间皆为山穷水尽与绝处逢生，可以让我写就一曲波澜壮阔的血泪赞歌。

但我作为此事的亲历者之一，又分明知道这个过程其实相当单调乏味，以至于我第一次听说孙强成功克隆出猴子的时候，第一反应竟是"啊？这就成了？"

但转念一想，这份朴实其实才更接近科研的本来面目，所以请容我讲述这个平淡的故事。克隆首先是个手艺活儿，需要技术高超的实验人员。没人，那就自己从零开始培养。孙强有个学生叫刘真，他跟随孙强的数年间大多数精力都用在了精进实验技术上，为此还放弃了出国读博的机会。

经过长期的训练，他已经将自己的每一步操作都精确到秒，用孙强的话说，他已经是"国际顶尖水平"的胚胎操作专家了。以至于后来在孙强实验室，每一次对实验参数的改进，刘真做出来如果好那就是真的好，不好就一定是真的不好，绝对没有"发挥失常"的问题。

除了核心操作，别的细节也要跟上。克隆需要的猴卵必须从母猴体内获取，而要让母猴排卵就必须按照母猴的月经周期注射促排卵药物。可是科研人员如何才能掌握母猴们的月经情况呢？通俗些说，就是他们努力和猴群搞好关系，猴子毕竟也是灵长类，想法和人类还是有点儿像的，等大家天天都见面混熟了，戒心自然也就放下了。为此，平台工作人员专门练就了辨脸识猴的本事，这样平时记录就不需要暴力手段了，再加上每个猴房都由专门的工作人员负责，猴群见每天都是同一个工作人员带着好吃的来看望自己，久而久之，自然也就把工作人员当成朋友了。猴子们没了防范，那么工作人员顺手观察一下母猴的月经情况也就比较容易了。

虽然母猴的月经规律是掌握了，但最重要的经费问题依然悬而未决。

不过孙强的应对之道也简单，通俗地讲，手里有闲钱就做一点儿，经济拮据了就暂时搁置。在长达六年的时间里，克隆猴的课题就这么断断续续地做着，经常暂停，却从未放弃。

也正是因此，尽管在这些年中，孙强和刘真从未成功，但他们也从未像米塔利波夫那样一败涂地，所以每次国际上出现什么新突破，他们总能以比较平和的心态来试一试。

这么试着试着就来到了 2014 年，就是米塔利波夫亲自为克隆猴谢幕的次年。哈佛大学的张毅教授发现，只要在卵细胞中加入两种分子，从而适当削弱一种叫"组蛋白甲基化"的现象就能让克隆效率大大提高。还是用国王和臣民打比方的话，就差不多相当于在新国王上任时再给他配俩秘书，帮助他熟悉一下政务。

只不过张毅的理论对克隆猴管不管用也不好说，对于猴平台而言，这项研究不过就是世界上无数一家之言中的一个，所以他们其实过了挺久才开始尝试张毅的方案。

但这一次，成了！ 2017 年 8 月对克隆猴团队来说是一段悲喜交加的时光。那个月，猴平台终于迎来了第一只克隆猴的降生。

只可惜这只世界上第一只活着出生的克隆猴幼崽，仅仅在这个世界上留存了三十多个小时便夭折而去。一开始这事只有孙强、刘真和平台一位技术员知道，他们三个都特别沮丧。于是孙强开着车拉着他俩到太湖边上转了一圈，最后说："米塔利波夫的最长天数就怀了八十一天，我们的怀了一百多天，都可以出生了，不管怎样我们已经处于世界领先地位了嘛。"

之后又是两个月焦心的期盼，终于喜讯传来，又有克隆猴幼崽成功降生，而这次它活了下来。过了半个月，又有一只克隆猴顺利存活。

当初蒲慕明对孙强说："猴子孕期半年，米塔利波夫走完了一半，你把剩下的一半走完就好了。"这一半路，一走就是九年。2018 年，孙强团队在生命科学界的顶级学术期刊《细胞》上发文宣告了他们的成果，而这两只象征着中国在克隆领

域从此有资格领跑世界的克隆猴也被分别命名为"中中"和
"华华"。

"中中"和"华华"

　　这两只克隆猴从此深刻改变了它们的制造者乃至它们诞
生的国家的命运。孙强和刘真这两个"土博士"从此一举证
明了中国本土培养一流科学人才的能力。之后，刘真被破格留
所任教。中国学术界系统性轻视"土博士"的现状也逐渐开始
松动。

　　　　注：由于孙强早期没有培养博士的资格，刘真后来是
　　名义上挂靠在神经科学研究所另一名导师那里完成的博士
　　学位。

对他们，对中国，对世界，一个新的时代正在开始。克隆技术真的是我所知道的最命途多舛的技术了。它出身于一种用于研究动物发育机制的花哨技术，在实验室中默默无闻地被应用了几十年。忽然一朝由于一只绵羊的降生而名动天下，在学术界内外掀起热潮，而后又因为人性的疯狂而坠入深渊。幸而始终有那么一群人，坚韧不屈，终得拨云见日，绝境逢生。

克隆风云人物的现状

约翰·伯特兰·格登

2012 年与山中伸弥一起获得诺贝尔奖，目前仍在科研领域，不过年事已高，已经处于半退休状态。

基思·坎贝尔

2012 年意外身亡，由伊恩·威尔穆特为其撰写讣告。

伊恩·威尔穆特

后期研究方向开始向诱导性多能干细胞技术转型，迄今仍在学术界活动。不过，在"剽窃风波"之后越发低调，已经很少出现在公众视野中了。

若山照彦

依旧在从事小鼠干细胞领域的研究，不过受到"小保方晴子事件"影响，如今行事相当低调。

黄禹锡

由于其在畜牧方面的克隆技术依然获得认可，后来投身工业界，成立了秀岩生命工学研究所。目前已是韩国商业化克隆领域的巨头，业务从用克隆"复活"宠物到培育畜牧品种不一而足。可以说是已经从"黄禹锡事件"的阴影中走出，焕发第二春了。

雪合来提·米塔利波夫

尽管没能成功克隆猴，但得益于他在克隆领域的技术积累，后期在诸如灵长类嵌合体、线粒体疾病核质置换疗法等领域做出了重大突破，目前仍是世界胚胎及干细胞科研领域中的泰斗级人物。

孙强与刘真

他们在克隆"中中"和"华华"的次年又制造出了五只带有特定遗传病的克隆猴，目前师徒二人依旧在一线从事非人灵长类相关的研究。其中刘真为中国科学院脑科学与智能技术卓越创新中心技术员、博士生导师。

第五章　iPSC 发展史

　　二十一世纪初对于干细胞学界来说是个多事之秋。干细胞研究需要干细胞，然而在 2006 年以前，想要获得干细胞，要么得从正常发育的胚胎中提取，要么得借助于体细胞核移植重编程技术，也就是所谓的"克隆"，但是这两种方法都会扼杀一个具有出生潜力的胚胎。社会上对此的口诛笔伐简直铺天盖地，伦理问题的软肋与学术丑闻带来的负面影响几乎压垮了这个初露锋芒的学术领域。

　　可就在这个时候，一种震惊世界的新技术却像是灰烬中涅槃重生的凤凰一样出现在世人面前，它不但可以为科学家和医生源源不断地提供优质的干细胞，而且很巧妙地绕开了一切伦理问题。这种神奇的新技术就是诱导性多能干细胞技术，简称为 **iPSC 细胞技术**。

命途多舛的科学家

我一直觉得日本的科技史对于我国具有较佳的借鉴意义。日本老一辈科学家所经历的快乐与悲伤也往往会让我国年轻一代科学工作者感同身受。

本篇文章的主角正是在日本生命科学大爆发的浪潮中经历最为离奇曲折的一位科学家，他的名字叫作山中伸弥。

这种传奇式人物，必有与众不同之处。如果把山中伸弥往贵胄云集的日本学术界里一放，那简直就是"鸡立鹤群"——他出身低，天赋也低。

山中伸弥出生于 1962 年，他的父亲经营着一家小型的配件工厂，年幼的山中伸弥耳濡目染，对机械制造产生了浓厚的兴趣，在他看来，他十有八九是要成为一名工程师的。

他相信以他的兴趣和家庭条件，未来如果能继承父亲的工厂，想来也是个不错的选择。但他很快发现，自己怎么也学不会如何组装零件，对暴力拆解倒是有几分天赋。在遭受了父母几顿毒打之后，他不得不改变了自己的想法。

既然自己好像更善于破坏，那不如就转职当个战士吧。带着这样的信念，山中伸弥转而开始学习柔道。他相信以他的惊人破坏力，一定可以练成绝世武功，将来代表日本拿几块金牌，也是一件无比光荣的事。

经过三年刻苦修炼，他的战斗数值好像也没比道馆里的沙包高多少，倒是骨折了好几次。

在一次次接骨的过程中，山中伸弥意识到一场高质量的团战不仅需要战士，更需要医护人员，于是山中伸弥决定改行当医生。

山中伸弥转而发奋读书，考进了国立神户大学医学部，立志成为一名骨科医生。像众多医学生一样，在"啃"完比自己身高还厚的一堆专业书后，他终于开始进入医院实习。

但是事情远没有山中伸弥想象当中的那么简单，别人十分钟就能搞定的手术，他得干一个多小时。一时之间，山中伸弥成了同事取笑的对象，人送外号"手残伸弥"。

学医救不了日本人

山中伸弥痛定思痛，认为一切都是因为自己没有一双灵巧的手。既然如此，那就只好靠脑子，于是山中伸弥决定再次转换职业为科学家。

山中伸弥相信，他应该很快就可以毕业，然后出国深造，最后入主科学院。

经过一番刻苦学习，山中伸弥再次失败了。所以他只好留在国内，去大阪市立大学攻读生命科学博士。

在当时的日本，国内培养的博士俗称"土博士"，在学术界基本没什么前途。考虑到山中伸弥当时已经三十一岁了，那这种土博士更是完全没有任何前途。

好在读博期间山中伸弥还算是发表了一篇尚可的论文，让他终于可以去美国当博士后镀镀金。山中伸弥非常珍惜这来之不易的机会，在美国期间，他一直勤奋工作，导师也很器重他。于是没过多久，导师就告诉他一个绝妙的创意——希望未来通过基因疗法可以帮助一些肥胖病人降低血脂。

山中伸弥没有辜负导师。不多久，他就发现导师的创意简直太厉害了，他做实验的老鼠居然真的获得了随意进食也不会导致血脂升高的特殊能力。

盼星星盼月亮，终于翻身农奴把歌唱。

直到有一天，鼠房管理员兴冲冲地告诉山中伸弥，拥有特殊能力的老鼠怀孕啦！

结果山中伸弥一脸不解，因为那些老鼠是公的！原来，老鼠的血脂是降下来了，但是这种做法有个严重的副作用，就是会引发肝癌，那些老鼠的肚子都被肿瘤搞大了。

降血脂降出了癌症，山中伸弥和这些老鼠同时感受到了这个世界的恶意。

现在改职业似乎有点儿晚了。既然如此，换换地方也可以嘛。思前想后，山中伸弥回到了自己的祖国，回到了他当年攻读博士的大阪市立大学。

也许，一个全新的开始可以让自己时来运转吧。

然而，他还是太天真了。刚一回国，完全没有准备的他就感受到了更深的恶意。

经典的励志故事基本都是这样的套路：某人拒绝了国外机构的高薪聘请，毅然回国……这类故事听多了就容易让人们产生一种幻觉，那就是人似乎必须拒绝一下国外的高薪聘请才能显得像个人才。而山中伸弥这样的，在一般的日本人看来就是在国外混不下去了才灰头土脸地回到了祖国。

一时之间，山中伸弥受尽了周遭人对他的冷嘲热讽。更惨的是，他发现自己正逐渐沦为实验室里的一个纯苦力，已经三十七岁的他每天在实验室最主要的工作居然是养老鼠。

那是山中伸弥人生中最黑暗的时期，常年的挫折让他患上了抑郁症，他一度开始考虑要不要放弃基础科研，继续回医院当骨科医生。在最绝望的日子里，有两件事支撑着山中伸弥挺了过来：一个是家人，尤其是他妻子的支持，他妻子甚至一度扛起了养家糊口的重任，这在当时女性普遍做全职太太的日本绝非易事；而另一个则来源于山中伸弥内心深处的一个隐隐的召唤。

细胞存在两种不同的类型：一种是分裂缓慢且不再具有转变成其他类型细胞潜力的"体细胞"；另一种是分裂旺盛且具有可以转变类型能力的"干细胞"，其中又有一类几乎可以转变成一切细胞类型的"多能干细胞"。传统上，只有胚胎发育的特定时期才会存在的胚胎干细胞，是正常生物所能产生的唯一一种"多能干细胞"。传统上普遍认为，胚胎干细胞可以分化这些组织器官的细胞，但反过来已经分化的细胞绝不可能回到胚胎干细胞的状态。这就导致胚胎干细胞的来源非常稀缺，而我们这些早就脱离胚胎发育的人，更是不可能获得与之不会产生排异反应的自身胚胎干细胞。

然而山中伸弥一直觉得这条金科玉律可能是错的，他检查过那批在实验中患上肝癌的老鼠的肿瘤，发现其中的癌细胞跟一般的肝癌细胞不太一样，其性质反而更接近某些干细胞。此外，从 1996 年开始崛起的哺乳动物克隆技术也隐约表明存在某种将体细胞诱导至胚胎干细胞的机制。

所以山中伸弥相信，一定存在某种办法，可以将已经分化的体细胞诱导至类似于胚胎干细胞的状态。

盗细胞的梦

在诺兰导演的科幻巨制《盗梦空间》中，主角为了让身陷梦中不能自拔的妻子脱离梦境，潜入妻子的意识深处植入了一个"这一切都是梦"的强烈信念，于是他的妻子终于幡然醒悟，和主角一起离开了那个虚幻的梦境。是否有一种方法，可以像《盗梦空间》里一样给体细胞植入一个"信念"，使之逆转成多能干细胞呢？

这个想法在山中伸弥心中至少藏了三年，其间他一有机会就向周边的人兜售他的理念。

不知受了多少冷眼和嘲笑，山中伸弥终于打动了几位日本干细胞学界的大佬，由此他先后争取到了奈良先端科学技术大学院大学和京都大学的教职，终于能够以副教授的身份拥有一方小小的实验室了。

然而在这种高级学府中又能有几个学生，愿意把自己的前途赌在这么一位年近四十岁又一事无成的土博士身上呢？

山中伸弥费了老大劲，才招到三个愣头青。

然而，他却没有马上让学生去实现他逆转胚胎干细胞分化的理想。相反，他先给了这些学生一些比较保险的课题做，这样万一他的理想是错的，也不至于耽搁学生的前途。

纵使身处黑暗，也要为别人带去光明，这大概就是山中伸弥的温柔。

几年后，他手下一个叫作高桥和利（Takahashi Kazutoshi）的学生兼助手率先完成了自己的保底课题，这下终于可以放手一搏了。

2005 年，山中伸弥教授与学生高桥和利研发出了一个叫作 Fbx15 的系统，这套系统可以很容易地知道体细胞究竟有没有被重编程成多能干细胞。在做了大量前期准备工作后，山中伸弥挑选出了二十四个候选基因，这些基因在胚胎干细胞中都非常活跃，而在体细胞中则几乎是完全被抑制的。配合他的高效筛选系统，山中伸弥或许能找出将体细胞重编程为多能干细胞的方法。

这在学术上是个相当冒险的举动：尽管这些基因的活跃程度与细胞的类型密切相关，但是谁也不知道其中究竟谁是因，谁是果。山中伸弥猜测，能给体细胞植入"重编程信念"的关键就在那二十四个基因当中，但谁也不能打包票。

思前想后，山中伸弥决定让高桥和利来承担这个研究任务，因为高桥和利在之前已经发表了一篇很不错的论文，即使这项研究最终一无所成，也不会太影响这位学生的前途。高桥和利没想太多，就爽快地跳入了这个坑。

师徒同心，柳暗花明，一项跨时代的伟大研究就此开始。

首先，山中伸弥让高桥和利准备了二十四株小鼠成纤维细胞——一种常用于实验的小鼠体细胞，让这些细胞分别过表达[①]（overexpression）二十四个候选基因中的一个基因。

结果非常悲惨，二十四株小鼠成纤维细胞没有一株成功地重编程成多能干细胞。眼看自己几个月的艰苦工作落得一场空，高桥和利泄气了，气冲冲地抱怨了一番，而山中伸弥只能安慰他说："这个至少说明咱们的 Fbx15 检测系统很可靠啊，没有出现假阳性的问题。"

但导师的安慰毕竟解决不了实际问题，一筹莫展之下，高桥和利提出，干脆在一株细胞里把那二十四个基因一股脑儿全都过表达算了。这个想法颇有些死马当活马医的意味，不过既然自己的学生不嫌麻烦，山中伸弥也就随他去了。

———————————

① 过表达：使用遗传工程技术让某个生物自身本就存在的基因活跃程度大大增强，制造出远高于正常状态的对应蛋白质。

事实证明，孤注一掷也是可以成功的。同时过表达二十四个候选基因后，居然真的有一小部分成纤维细胞成功逆转成了多能干细胞——这是人类有史以来第一次从胚胎以外的地方获得了有应用价值的多能干细胞。

　　这下子山中伸弥心里有底了，但这时他又有了别的担忧。要知道"有人的地方就有江湖"，学术界也从来没有常人想得那么和平。远有牛顿与莱布尼茨的相爱相杀，近有克隆人类胚胎干细胞竞赛的你死我活，山中伸弥可不想重蹈前人的覆辙。一方面，他立刻嘱咐高桥和利要从现在开始高度保密，不得再对任何人提及他们的研究进展；另一方面，师徒二人也加快了后续研究的步伐。

　　他们通过简单的排除法，从二十四个候选基因中筛选出十个特别重要的基因，之后又从这十个基因中再精选，想方设法减少需要过表达的基因数量。筛选到最后，他们的候选名单中只剩下了四个基因——*Oct3/4*、*Sox2*、*c-Myc* 和 *Klf4*，这四个基因少了任何一个都难以诱导小鼠成纤维细胞逆转成多能干细胞。山中伸弥将这个能够为细胞植入"重编程信念"的基因组合命名为"山中因子"（Yamanaka Factors），并将他所得到的这些多能干细胞命名为"诱导性多能干细胞"。这种崭新的细胞与传统的胚胎干细胞无论是形态还是分子特征都高度相似，并且拥有良好的多能性。尽管可能是一时碍于条件限制，山中伸弥的团队在当时（2006 年）还没能用这种细胞制作出小鼠个体，但是他对于自己的新突破充满了希望。

山中伸弥是个颇有浪漫情怀的人，他看到当时苹果的 iPod 卖得很火，便希望自己发明的这种新技术以后也会像 iPod 一样走进千家万户，于是便比着 iPod 的名称将自己的新技术简写为 iPSC。

2007 年，山中伸弥的研究团队与来自麻省理工学院（MIT）的基因修饰技术先驱鲁道夫·耶内施实验室各自独立制作出了基于 iPSC 技术的嵌合体小鼠。从此 iPSC 细胞终于完成了从"养在盘子里"到"养在笼子里"的跨越，嵌合体小鼠是检验干细胞多能性的最高标准，从此 iPSC 细胞的多能性就再也没有争议了。不久之后，他的实验团队又和干细胞学界巨擘詹姆斯·汤姆森的团队各自独立制作出了人类 iPSC 细胞。这就意味着，iPSC 技术经受住了同行重复实验的考验，获得了主流学术界的认可。从此，iPSC 技术名动天下，以至于整个干细胞学界都开始为之转向。

在"前浪"下崛起

不得不说，这新生的 iPSC 技术较之任何一种传统的制备多能干细胞的技术都有很大的优势：它方便、廉价而且没有任何伦理问题。所以一出现就有颠倒乾坤之势。这对于当时主要精力还放在克隆技术上的干细胞学界来说，无异于一记晴天霹雳——有了 iPSC，为何还要大费周章去克隆呢？

但"后浪"要称雄，还没到时候。

不久，一轮对 iPSC 的批判拉开了序幕，一时之间，学术界仿佛开起了对 iPSC 的批斗大会。对 iPSC 的批判五花八门，有的人相信 iPSC 会导致基因突变，有的人则认为 iPSC 的诱导过程会造成某些特定的遗传缺陷，也有人发现 iPSC 细胞的表观遗传状态与传统来源的胚胎干细胞存在差异。甚至到最近，依然有人提出 iPSC 技术存在多项技术缺陷，核移植重编程才是重编程技术的"金标准"。在他们口中，iPSC 终究只能是科学家在实验室里玩玩的花哨玩意儿，要想治病救人还得靠"传统"的克隆技术才行。

在 iPSC 技术尚未成熟的早期，这些指责倒也并非完全没有道理。山中伸弥等人也意识到，利用 iPSC 技术获得的嵌合体小鼠具有极高的患癌风险。也正是在 iPSC 学派与克隆学派的口水仗中，人们看到了 iPSC 有待改进之处。山中伸弥等科学家们自然不会坐以待毙，他们开始尝试改进 iPSC 技术。

iPSC 的这些问题主要有两方面的原因：一方面便出在"山

中因子"当中，四个山中因子里头，*c-Myc* 是一个非常敏感的原癌基因，它堪称是一个定时炸弹，稍有不慎就会失控继而引发癌症；另一方面，山中伸弥等人过表达山中因子的工具——慢病毒也难逃干系，这种工具自从被鲁道夫·耶内施发明以来，便凭借其便捷、高效的特点成为生物学家对细胞进行基因修饰的主要工具，但在重编程方面，这种工具存在着巨大的缺点。

还是用《盗梦空间》来打比方：在电影当中，男主角在自己妻子脑中植入了脱离梦境的信念。这个信念虽然促使他的妻子离开了梦境，但是这个信念太强烈了，以至于妻子回到现实中以后还觉得自己在梦中，而这最终导致了妻子的自杀。同样，慢病毒虽然方便，但是它过表达基因的能力过于强烈，以至于那些重编程的干细胞在重新分化回体细胞以后，还"觉得"自己是个多能干细胞，因此就有可能继续像一个多能干细胞那样无限分裂。而体细胞失控地无限分裂，就是我们平时所谓的癌症。更麻烦的是，慢病毒不但"威力猛"，而且"下手狠"，它会随机破坏掉细胞内的一些基因序列，这就好比是在"盗梦"的同时还顺带搞坏了对方的大脑。因此，通过慢病毒工具制作出来的 iPSC 细胞会有种种问题也就不足为奇了。

　　不过好在有诸如耶内施以及汤姆森之类的大腕儿给 iPSC 撑腰，批评者的口水一时半会儿也淹不死这个崭露头角的新技术。而 iPSC 学派的众人也不敢懈怠，连忙加班加点地研究怎么攻克这些短板。

　　慢病毒肯定是不能再用了，科学家们转而采用更加温和的方法。不久之后，借助于转染 mRNA 甚至蛋白质来诱导重编程的技术被相继推出。这些新技术不会损伤体细胞的基因，而且效力也弱得多。如果说使用慢病毒诱导是"盗梦"的话，那么这些手段更加接近于"传销洗脑"，只要事后再"反洗脑"一番，细胞还是有不小的概率"幡然醒悟"的。

　　随着 iPSC 技术的日趋完善，人们渐渐发现山中伸弥团队遴选出来的四种山中因子还可以进一步精减。少改变一个基因就可以少一份成本和风险。因此，科学家们在这方面投入了大量的精力。最先被剔除的自然就是那个"定时炸弹"——$c\text{-}Myc$。2008 年 1 月，山中伸弥和鲁道夫·耶内施各自独立开发出了不依赖于 $c\text{-}Myc$，只用到三个山中因子的重编程新技术。

　　尽管较之"简单粗暴"的慢病毒法，后来的新技术要更加烦琐，但是它们有效化解了 iPSC 所面对的种种非难。2014 年下半年，国际上几位干细胞学界的领军人物迪亚特·艾格力

（Dieter Egli）、尼森·本范尼斯蒂（Nissim Benvenisty）和雪合来提·米塔利波夫共同对 iPSC 技术来了场"三堂会审"，结果证实，通过 iPSC 技术得到的多能干细胞与通过克隆技术得到的胚胎干细胞在安全性上没有区别。由于艾格力和米塔利波夫都是克隆学派的"掌门"级大腕儿，他们一发话，泛泛之辈也就再不敢吱声了。自此，两大重编程学派之争尘埃落定。

改朝换代

2012 年，克隆技术的开山祖师约翰·格登和 iPSC 技术的发明人山中伸弥共同获得了当年的诺贝尔生理学或医学奖。但那个时候，约翰·格登早已"转投" iPSC 学派门下了。事实上，不只是他，克隆技术领域一连串有头有脸的人物都先后转向了 iPSC 或是单倍体胚胎干细胞技术（后来随着 CRISPR–Cas9 技术的出现，这拨人前途未卜……）的研究中。

其中的道理并不难理解。本来相关卵细胞就一直让核移植技术研究的成本居高不下，"黄禹锡事件"造成的负面影响更是让这些科学家本就吃紧的财政状况雪上加霜。一些科学家虽然嘴上说得好听，但私底下都已是心猿意马。随着学术界的风向一点点地偏向 iPSC，克隆学派门下越来越多的人转向了其他研究领域。

"既生瑜何生亮"

　　疯狂的克隆时代走向终结，干细胞学界步入了 iPSC 的纪元，一朝天子一朝臣，那些克隆技术领域的元老，纵然有千般不舍，也只得接受着"长江后浪推前浪"的命运。纵观整个科技史，这种江山易手的事情可能并不鲜见，而每一次变革，总有一些人特别令人扼腕。

　　比如山中伸弥之前，日本干细胞学界的泰斗笹井芳树（Yoshiki Sasai），他与山中伸弥同样出生于 1962 年，而他的一生宛如是命途多舛的山中伸弥的对照。

　　与工匠的儿子山中伸弥不同，笹井芳树口含金汤匙出身于书香门第，香到家里亲戚千千万，专家教授占一半的程度，堪称是学术界的"小袁绍"。

　　当山中伸弥因为手术做得实在太烂，获得绰号"手残伸弥"的时候，笹井芳树以优异的成绩考入京都大学医学部，毕业后顺利成为神经科医生。然而他从医两年后，却被神经损伤无法治疗的现状深深刺痛了内心，于是他毅然回到京都大学攻读干细胞再生医学领域的博士，立志要解决"脑残无药可医"

的世界性难题。

当三十一岁的山中伸弥在美国格拉斯通心血管病研究所当博士研究员，被导师坑到欲哭无泪的时候，笹井芳树以访问学者的身份去美国加州大学洛杉矶分校做研究，被美国的同行惊叹为天才。

三十五岁，山中伸弥只能在大阪市立大学药理学教室的鼠房里打杂，而笹井芳树已经当上了日本理化研究所（RIKEN）的发育生物学中心（CDB）主任，成绩斐然，获得绰号"大脑制造者"。

然而，当山中伸弥发明 iPSC 之后，一切都变了。

笹井芳树突然感到心里一阵悲凉，那种感觉，大概就跟日本漫画《火影忍者》中佐助第一次看见鸣人搓出螺旋丸时的心境差不多。

按理来说，山中伸弥的技术主要用来制造干细胞，而笹井芳树研究的是怎样使用干细胞，两者本来应该是能完美配合的，但笹井芳树打心眼儿里瞧不起山中伸弥这种所谓的草根暴发户。

那一刻，一种不顾一切的求胜欲紧紧攥住了笹井芳树的心。

2011 年，笹井芳树终于初步完成了他耕耘十年的巨作——体外重构视网膜，这是一个诺贝尔奖级别的重大突破。

原本他觉得只要自己比山中伸弥更早拿到诺贝尔奖，那么胜利就还是属于他笹井芳树的。

　　但万万没想到，甩过头来第二年，山中伸弥就光速拿了诺贝尔奖，这严重打击了笹井芳树。

　　不得不说，山中伸弥对外把克隆领域搅了个天翻地覆，对内又搞得日本学术界心态爆炸，堪称是二十一世纪最强学术鲇鱼了。

　　但很显然，笹井芳树没那么容易服输，不经意间，他开始不断加大自己的筹码，也就是在这段时间，他遇到了那个女人——小保方晴子（Haruko Obokata）。

小保方晴子事件

　　笹井芳树，或者说所有日本人 DNA 里一直铭刻着一个信条——学好数理化，不如有个好爸爸。小保方晴子的父母都是大学教授，且她打小成绩优异，在早稻田大学读完本科、硕士研究生、博士研究生后，又去哈佛深造。

　　因此，笹井芳树这位"小袁绍"与小保方晴子一见如故，更重要的是，小保方晴子可不是乱做研究的，她是有备而来的。

通俗点儿说，山中伸弥的 iPSC 技术虽然能制造干细胞，但是需要用到转基因技术，对人转基因不管怎么说都让人心生排斥，而小保方晴子宣称她能发明一种不需要转基因操作的干细胞制作技术。

笹井芳树对小保方晴子的说辞深信不疑，公开宣称山中伸弥的那一套就像是用牛把细胞硬拉回到了干细胞的状态，而小保方晴子的方法却像魔法一般把细胞"欻"的一下就给变成干细胞了。

只可惜并不是每个晴子都能帮你称霸全国，不过有一点他说得没错，小保方晴子在某种意义上的确是一个伪装成科学家的魔法少女。

小保方晴子是个铁杆姆明迷，没事经常喜欢到处画姆明，但显然随手涂鸦已经不够发泄她无处安放的少女心了，所以她就将爱好从线下发展到了线上，在她的实验室主页关闭之前一直是粉色的少女画风。

虽然科学家有点儿自己的业余爱好很正常，我自己也在实验服上搞过涂鸦，但小保方晴子显然没有止步于此，她后来甚至做实验都不穿实验服了，而是改穿她奶奶留给她的料理服。

为了给小保方晴子保驾护航，笹井芳树还专门找来了一位强力外援——若山照彦。

别看他现在发际线宛如地平线，遥想当年在夏威夷，年轻的若山照彦可是世界上第一个成功克隆小鼠的科学家，鉴于当时克隆领域遭受了山中伸弥的重创，若山照彦和笹井芳树也算同仇敌忾。更重要的是，在 2013 年，世界上还健在的克隆界老人就剩若山照彦还没倒霉过了，不过没事，小保方晴子很快就能帮他把这个缺憾给补上了。

自从若山照彦加入以后，小保方晴子的工作进展神速，不久后的 2014 年 1 月，她就在世界顶级学术期刊《自然》上发表了两篇论文，宣告她的工作取得了成功。笹井芳树亲自将这种被他誉为"魔法的干细胞制造技术"命名为"STAP"。

在笹井芳树强大人脉的操作下，小保方晴子瞬间化身国民学术女神，成了无数日本女学生的榜样。

然而，论文发表出来后，世界干细胞学界却是一片哗然。首先，小保方晴子宣称她是从萝卜当中获得了灵感，简单点儿讲，就是她看到萝卜的细胞用酸处理后会变得很像干细胞，所以人的细胞酸洗一下应该也能变成干细胞。

如此荒唐的解释，人们并不买账。有人怀疑小保方晴子存在学术造假嫌疑。那么论文里面的结果又是怎么来的呢？高端的研究往往只需要朴素的方法——PS（图像处理软件）。

一般而言，学术造假对于科学家来讲那是天大的罪名，正常情况下就算诚实做图都会战战兢兢，生怕哪里不规范被人揪了小辫子。但小保方晴子不是一般的科学家，她愣是连 PS 造假都能干得巨不走心，所以别人几乎是不费吹灰之力就发现了她论文造假的证据。

于是小保方晴子这位学术女神才当了不到一个月就遭到了日本理化研究所的审查。经查，小保方晴子过去的数篇论文，包括她博士学位论文里的数据都是伪造的。而且，小保方晴子先前提交的一份所谓用 STAP 技术制作的干细胞，经过鉴定后发现，其实是她从若山照彦那边顺来的天然干细胞，怪不得若山照彦一来她就突然顺风顺水了呢。

当然，小保方晴子对此矢口否认，坚持声称这只是个意外。

若山照彦气得加入了声讨小保方晴子的阵营之中，而他的倒戈也宣告着小保方晴子沦落到了破鼓万人捶的境地，这种时候自然少不了媒体过来凑热闹。

2014 年 7 月 2 日，《自然》宣布撤掉小保方晴子当初的两篇论文。

据日本理化研究所的工作人员描述，论文撤稿仿佛也同时撤掉了笹井芳树的灵魂，自那天后，他整个人都变得像是一具僵尸一般，面容呆滞，经常在发育生物学中心的大楼里漫无目的地游荡。

无休无止的诘难与屈辱终于压垮了这个曾经的天才、大脑制造者。一个多月后，笹井芳树在发育生物学中心的一处楼道里悬梁自尽，身边留下了三封遗书，其中一封正是留给小保方晴子的。直到死，笹井芳树也没有对小保方晴子有任何指责，他依旧相信 STAP 是真实存在的，鼓励小保方晴子要继续做实验。

笹井芳树自尽后，时任国际干细胞学会主席的山中伸弥第一时间为其发布了悼文，也算是这两人多年"瑜亮"情结的一个诠释。

此后不久，日本理化研究所专门给小保方晴子布置了一间实验室，她被要求在数十个摄像头的严密监视下重现她自己发明 STAP 技术的过程。原本研究所准备给她七个月时间，但她只用了三个多月就放弃了。

2014 年底，日本理化研究所召开记者招待会，宣告无论是小保方晴子本人还是独立第三方都未能成功重现 STAP 技术。这一次，小保方晴子没有像往常一样在记者面前以泪洗面，她以心力交瘁为由向研究所递交辞呈，然后把她的经历写了一本书，结果销量甚好……在此之后，她似乎没怎么做过全职工作，每次出现在世人面前基本都是为了销售加印的图书而拍摄写真。她最近一次出现在媒体上是被狗仔队抓拍到在家打麻将。

悲剧、闹剧都会随风而去，时代的车轮依然滚滚向前。就在"小保方晴子事件"接近尾声的时候，笹井芳树的师妹高桥雅代（Masayo Takahashi）在山中伸弥的技术支持下，首次将iPSC 技术用于临床试验。

如果从核移植重编程技术算起，已经走过了大半个世纪风风雨雨的体细胞重编程技术终于摸到了临床应用的门槛。iPSC技术将会给干细胞学界以及亿万期待它救死扶伤的公众带来怎样的未来，请诸君拭目以待吧。

再回头看"小保方晴子事件"，总会有一个问题萦绕在我脑海挥之不去——谁杀死了笹井芳树？

　　我曾经觉得是他的自尊心，不过后来我慢慢看到了另一重可能性。

　　科研的高度专业性决定了科学家基本上都只能在专业小圈子里面内循环，甚至可以说，越是优秀的科学家就越是与社会脱节。他们可能在学术领域登峰造极，却往往是公关领域的白痴。在笹井芳树生命中的最后一段时间，他收到了海量的邮件，其中绝大多数都是来刺探他与小保方晴子的所谓绯闻，更不用提还有许多记者都试图用诱导性的提问来断章取义制造噱头。笹井芳树只能一遍又一遍徒劳地解释，而这些在八卦的民众看来却全成了掩饰。

　　大部分人敬仰科学家的心态与崇拜一个娱乐明星并无本质区别，人们既喜欢捧起偶像顶礼膜拜，也乐于看到偶像人设崩塌，再将其践踏为尘埃。

　　科学家与民众之间，早就被娱乐为王的狂潮冲出了一道深不可测的鸿沟。

第六章　神经操控的研究史

经常有小伙伴问我，你是学神经科学的，你说心智能被操控吗？

这还要从 1786 年说起，那年意大利医生路易吉·伽伐尼（Luigi Galvani）的学生在解剖青蛙腿时，无意中用手术刀碰到了蛙腿上裸露的神经，没想到青蛙腿居然当场舞了起来。

差不多过了一百年，学者们才意识到这并非医学奇迹，而是因为神经信号主要就是一些电活动，稍微专业一点儿说，就是神经细胞表面有一大堆被称为"离子通道"的蛋白质，这些蛋白质可以操控神经细胞膜附近的带电离子流动，从而产生出微弱的电流。

> 注：神经信号除了电活动以外还有化学物质的参与（神经递质与神经调质），这些化学物质不是文章重点，在此先按下不表。

伽伐尼当初正是因为手术刀的"原电池放电"现象，无意中冲开了神经细胞表面的某些离子通道，从而人为引发了一拨神经信号，而这也迈出了人类操控神经系统的第一步。

随着人类对大脑各个分区的功能逐渐了解，外加颅外科手术的日益精进，开颅手术操作起来变得相对容易，于是人类对神经操控的研究也日渐深入。

以老鼠为例做电击实验，大脑顶叶负责感觉运动，受到电击后老鼠就会抽搐；大脑枕叶负责视觉，受到电击后老鼠就会眼冒金星；大脑岛叶负责厌恶，受到电击后老鼠就会感到恶心；杏仁核负责情绪，受到电击后老鼠就会感到害怕。

从二十世纪初开始，人类就在一系列动物身上尝试了一大拨这类实验，大大加深了我们对于脑科学的认知。然而，随着对脑部的研究越来越深入，人类已经不再满足于囫囵刺激一片脑区了，而是需要精确地刺激某几个神经细胞，就好比以前打仗只要干掉敌人就行，用地毯式轰炸的方式也无所谓，但现在要求上升到了能在八百里外打到人头的同时，也要保证八百里零一米外的人质不受伤。

DNA 双螺旋结构的发现者，后来转入神经科学领域的克里克就曾感慨："（神经科学）需要一种可以特异性激活某一种神经元，同时又基本不会影响周围其他神经元的技术。"然而，直到克里克去世，他也没能看到这种跨越时代的新技术。但他不知道的是，他在 DNA 方面的工作已经为此埋下了伏笔。

1999 年，二十岁的爱德华·S. 博伊登（Edward S.Boyden）已从麻省理工学院毕业，并获得物理学学士学位、电气工程和计算机科学学士及硕士学位，随后加入了斯坦福大学。

那几年，美国正拼命做人类全基因组测序，世界其他地方正全力研究克隆技术，总之全球生命科学界处处洋溢着魔法气息，使人一度相信"二十一世纪是生命科学的世纪"。

不知是不是信了这一通忽悠，博伊登决定转行去学生物。

别看博伊登一点儿生物学知识都不懂，但是他却在生物实验室里混得如鱼得水。毕竟工科生在生物实验室本来就是稀有人才，加上博伊登比较老实，所以经常负责装个仪器，焊个电路，修个电脑，给饮水机换换水之类的事，没他还真不好弄，结果就是那段时间博伊登居然也混迹了不少优秀科学家的实验室，最后就混到了斯坦福大学钱永佑的实验室里。

钱永佑你可能没听过，但你肯定听说过他的弟弟钱永健和他的伯伯钱学森。

在钱永佑实验室里，博伊登不仅开始全面学习神经科学，还结识了那个改变他一生的博士后师兄——卡尔·迪赛罗斯（Karl Deisseroth）。

迪赛罗斯有个梦想，他想精确操纵神经，但这种事当时根本就是八字还没一撇，更何况那年头高难度的生物学项目实在太多了，饼画得再大也不是那么有吸引力，自然也没人真肯陪他玩。结果时间一长，唯一还继续听他叽叽歪歪的，也就只剩下实验室里唯一的老实人博伊登了。

迪赛罗斯从钱永佑的实验室出站①以后，不久就建立了自己的实验室，但同时不忘继续给博伊登"暗送秋波"。等迪赛罗斯那边差不多稳定了，两人便一拍即合将理想付诸实践。

那年，在所有操纵神经的方案当中，用光来控制神经的概念无疑是最火的。简单点儿讲，就是利用基因改造给神经细胞表面安上某些对光敏感的蛋白质，从而用光来诱发神经信号。

---

① 出站：博士后研究人员工作期满，达到设站单位的出站要求，完成博士后研究工作报告，通过设站单位的考核，设站单位同意出站。

只不过当时的大部分人都走错了方向。研究者只注意到眼睛里有多种光敏感蛋白，却忽略了这些蛋白只是 G 蛋白偶联受体的一部分。打比方讲，眼睛里面的光敏感蛋白只相当于一个负责检测光照的哨兵，它感受到光以后还需要向领导汇报，等上级拍板后再把命令层层下达到神经细胞的离子通道那里产生神经信号。

幸好博伊登和迪赛罗斯早就看穿了这一切，因此，他们从一开始就走了一条与众不同的路——用磁场控制神经。

然而，千算万算，没算到在 2002 年，还真有人在一种叫作莱茵衣藻（Chlamydomonas reinhardtii）的藻类当中发现了一种可以直接将光信号转化成神经信号的蛋白质 ChR2。

莱茵衣藻作为一种光合作用者，需要不断旋转自己的两根鞭毛游到光线合适的地方，而 ChR2 这种蛋白质在有光照时会调节细胞的钙离子、钠离子等"阳离子"流动，继而在一系列物理化学机制下诱导鞭毛将细胞推向光线合适的地方。

注：严格来说这个蛋白应该是 ChR 蛋白家族，ChR2 只是其中之一，不过后来只有 ChR2 用在了光遗传技术中。

所以 ChR2 本质上就是一种可以直接被光打开的离子通道。

不过好消息是，当时在全力研究光控神经技术的人并不太多。总体上讲，博伊登也算是世界上第一批注意到 ChR2 的学者之一，转型回去做光控神经还来得及。

他们敏锐地联想到，动物的神经信号本质上也是神经细胞表面的离子流动。那么，如果用转基因之类的方法将 ChR2 之类的蛋白质装配在神经细胞表面，就可以用光来控制神经了。

严格来说，当时迪赛罗斯还没博士后出站，博伊登也还没毕业，他们名义上都还是钱永佑实验室的博士后和博士生，不过当时迪赛罗斯已经确定获得教职，博伊登也早就确定为他的博士后了。

于是他们俩立刻着手从德国要来了莱茵衣藻中的 ChR2 基因，并不断尝试将其装配在体外培养的神经细胞中。

> 注：最早确定 ChR2 为最佳光控蛋白并将其表达在哺乳动物细胞中的是两位德国科学家，格奥尔格·纳格尔（Georg Nagel）与彼得·黑格曼（Peter Hegemann），但他们没想到把 ChR2 用于神经操控。

这个实验并不好做，博伊登需要剥离出刚出生小鼠的脑子，分离出其中的神经细胞。这些神经细胞在培养皿中只能维持不到两周时间，之后就会变得病恹恹的，不适合拿来做实验。因此，绝大多数实验都要在一周内完成。但当时的转基因技术还很粗陋，在一周时间里极难将足够量的 ChR2 装配到神经细胞上，因此被发现以来的很长时间都没有人在这方面取得突破。

博伊登和迪赛罗斯拼尽全力，加班加点不顾一切，下决心一定要抢先拿下这个创造时代的任务，毕竟这已经是迪赛罗斯和博伊登共同的梦想了。

经过整整一年常人难以想象的奋斗，他们失败了。

只不过正是在这一年，迪赛罗斯新招收了一个"神仙"研究生，他叫张锋。

这位张锋的传奇故事会在后续章节里细说，总之他是个非常聪明的人，利用自己高中二年级时学到的一点儿小知识解决了迪赛罗斯和博伊登搞不定的难题。于是，迪赛罗斯就突然成了世界上第一个精确操控动物神经的科学家，由于这项新技术同时用到了光信号与遗传工程，所以被称为光遗传（optogenetics）。

或许你会有些奇怪，这不就是从电变成了光吗？凭什么光遗传就可以实现对神经的精确操控呢？

其实关键不在于光，而在于遗传。

借助于遗传工程，我们有办法把光敏感蛋白精准安装在特定的神经细胞上，但也就只有那几个神经细胞会受到光信号的激活。

在相关实验中，小鼠脑子里之所以要插根光纤，就是为了把光信号精确导向目标神经细胞。除了促使小鼠交配，如今我们能用光遗传操控小鼠养育幼崽，甚至给小鼠植入虚假记忆。

总之，凭借着光遗传技术，迪赛罗斯一跃成为全世界神经科学的领军人物，无论是他自己还是整个神经科学领域似乎都有了光明的未来。

然而狂喜之后，命运却将他们推到了从未设想的道路：他们并不是第一个发明光遗传的人，早在半年之前，美国韦恩州立大学的潘卓华教授的团队已经先他们一步完成了相关实验，只不过在论文投稿过程中，潘卓华一直在强调光遗传技术以后可以用来让盲人复明。然而ChR2毕竟只是一种单细胞生物用来感受有光没光的蛋白质，其功能和眼睛视网膜中处理视觉信号的蛋白系统根本不能相提并论，所以潘卓华的设想给人感觉就好像是提出，当宇宙飞船的引擎点不着时可以用钻木取火来解决问题一样。

相比较而言，迪赛罗斯写的论文则讲了个完全不同的故事，他指出当时基于电刺激或药物刺激的神经操控技术都只能横扫一大片脑区，根本无法用来做精细的神经科学研究，而光遗传则可以通过将 ChR2 装配到特定神经细胞的方式，成为新一代细胞级精度的神经操控工具。这番说辞将他论文的审核权交给了一群研究大脑机制的权威，而这些科学家已经苦苦期盼精细神经操控技术足有大半个世纪了，他们自然巴不得这篇论文赶紧发表。

结果博伊登和迪赛罗斯的论文不到一年时间就发表在了神经科学顶级期刊《自然 – 神经科学》（*Nature Neuroscience*）上。而相对的，潘卓华的投稿却是屡屡碰壁，一直到 2006 年才蹭着迪赛罗斯的热度把论文发表出来。

但在光遗传最喧嚣鼎沸的那几年里，世人几乎彻底忘记了潘卓华，直到 2016 年博伊登和迪赛罗斯因为他们光遗传方面的工作得到了有"诺奖风向标"之称的生命科学突破奖（Breakthrough Prize in Life Sciences）后，才有人重新注意到他。

不过这已经不重要了，毕竟相比光遗传随后掀起的波澜，潘卓华的遭遇只能算是一抹无关紧要的涟漪。但或许正是这抹涟漪，在博伊登心中埋下了一颗不安的种子。

迪赛罗斯在论文中的预言没有错，光遗传迅速成了神经科学界最重要的工具，比如下面这只小鼠就因为头上插有光纤而被加入了光遗传工具，只要光纤给出光信号，这只小鼠就会立刻对眼前的小玩具发起攻击，效果可谓立竿见影。

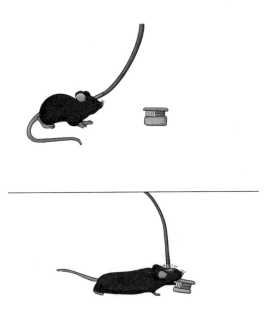

光遗传实验

　　激光关闭，小鼠对小玩具没有反应；打开激光的瞬间，小鼠发动攻击。

　　除此以外，人们还能随心所欲地操控动物逃跑、交配、抚育幼崽、喝幻觉中的水，乃至植入虚假记忆。

　　这是前人根本无法想象的精细神经操控，可以说一时之间，积压了数十年的那些徒有想法却无法实现的实验统统没了障碍，大脑这个黑箱突然之间就变得透明了，让 2005 年开始的十年里成了神经科学成果井喷的十年。

　　有人会说，像"神经操控"这么"不道德"的技术应该立法禁止。但我认为，凡事不能这么"一刀切"。

　　首先，从人民史观的角度来说，科学研究的成果是历史的必然，没有这个科学家做出来，也会有那个科学家做出来。

　　事实上在 2004 年，除了博伊登、迪赛罗斯和潘卓华等，世界上还有很多科学家也在做着差不多的事情。比如，美国凯斯西储大学（Case Western Reserve University）的斯蒂芬·赫利兹（Stefan Herlitze）和林恩·兰德梅瑟（Lynn Landmesser）、德国的格奥尔格·纳格尔与彼得·黑格曼、奥地利的格罗·米森伯克（Gero Miesenböck）和理查德·克拉默（Richard Kramer）、日本的八尾宽（Hiromu Yawo）等。

　　我相信如果愿意更深入地挖掘，这个名单还可以更长。

　　所以我们有理由相信，如果一种技术有可能出现，它就必然会出现。如果这种技术必然会带来危害，也一定是先危害对这种技术一无所知的群体，而真正的强者应该掌握技术，用自己的智慧驯服技术造福于人。

　　言归正传，当一个人、一种技术创造了奇迹时，那大部分人总会期望其创造更多奇迹。

　　新技术打开了新的领域，就像是游戏开了新的副本，而科学家卖力的程度绝不会亚于任何游戏玩家。没多少年，以

ChR2 为核心的光遗传技术相对容易解决的难题已经基本被解决殆尽了，像博伊登和迪赛罗斯这样的技术开发者必须尽快开发出光遗传的升级版本，来开放出更多的科研副本。

方向不是没有。以 ChR2 为核心的光遗传技术只能用光激活神经，但有很多实验的需求却是反过来希望可以特异性地沉默某些神经细胞。而在 2006 年，迪赛罗斯的团队就注意到了一种存于"古菌"*Natronomonas pharaonis* 中的光敏感蛋白 NpHR，这种蛋白的性质刚好就和 ChR2 相反，可以在光照下沉默神经细胞。

于是迪赛罗斯立刻把基于 NpHR 的第二代光遗传技术研发作为自己实验室的头等大事。但这一次，迪赛罗斯却把博伊登排除在外了。

一方面，光遗传的成功为迪赛罗斯带来了巨大的声誉，现在全美国乃至全世界最优秀的研究生与博士后已经任他挑选，不差人才。而另一个更重要的原因是，当时博伊登即将博士后出站。搁以前，博伊登作为迪赛罗斯手下的博士后，所有成果的利益都将归于导师迪赛罗斯。但现在，等到工作铺开的时候，博伊登很可能已经成为一个和他地位对等的教授，那么按照惯例，光遗传的功劳就得和博伊登对半分了。

尽管这在当时的学术界完全是常规操作，但博伊登也绝不可能接受自己七年的心血都为别人做了嫁衣。

博伊登环顾四周，只有一个人还愿意支持他，她就是当时同在斯坦福做博士后的韩雪。

博伊登和韩雪两人迅速转移到麻省理工学院成立了一间新的实验室，全身心投入 NpHR 光遗传的研究之中。然而迪赛罗斯不但财大气粗人才多，研发进度条更是早就过半，而博伊登这里才刚刚开局，这怎么办？

有办法！博伊登和韩雪几乎是只做了技术研发中最核心的几个实验，用这些能说明问题但极其粗糙的数据，把他们的成果发表在了一个质量奇烂无比但审稿极快的学术期刊 *PLOS ONE* 上面，硬生生比迪赛罗斯提前了一年半发表出了 NpHR 光遗传。

> 注：在博伊登的论文中，将 NpHR 命名为 Halo，但这个命名后来没有被主流学术界认可。

因为发表的期刊实在太烂，迪赛罗斯甚至都没能第一时间意识到自己的成果被抢发了。

但正如当年潘卓华的遭遇一样，科研的名利只属于第一个发表成果的人，没人在乎你是不是第一个做完实验，数据是不是更漂亮，发表的期刊是不是更权威，第二个发表就只意味着一无所有。

迪赛罗斯对此自然是大为光火，但博伊登施展他那三寸不烂之舌，一口咬定基于 NpHR 的光遗传技术就是自己独立发明的，他完全不知道同一时间迪赛罗斯在干什么。

最后，此事不了了之，学术界默认了博伊登的说法。

或许就是这件事情，被当时作为迪赛罗斯手下研究生的张锋看在了眼里。自此之后，张锋就养成了事无巨细做记录的习惯，让他多年以后在法庭上气势如虹地碾压了他的对手，当然这是后话了。

总之，博伊登就用这样一种方法，夺回了在他看来本就属于自己的功劳。

但同一时间，被光遗传催向疯狂的可不只它的发明人。毕竟操控动物也许要用上先进的神经操控技术，但操控人，只需要名利就够了。

恰好从 2010 年开始，光遗传的底层缺陷开始变得越发令人难以忍受。大部分动物身体并不透明，头插光纤对脑组织损伤巨大，无论是植入的光纤还是被植入的动物寿命都难以长久。

此外，光会传送能量，现有的光遗传技术所用的光强度几分钟就能把一片脑区烤熟，诸如此类的技术缺陷还有很多。这一切都宣示着光遗传作为一种技术已经走到了极限。顷刻之间，无数科学家投身到了研发新的神经操控技术的浪潮之中。

既然光已经到了极限，于是自然界一切物理现象都纷纷被人拿来试试能不能操控神经。比如，用热量"烧烧脑"能不能操控神经，用声波震一震脑子能不能操控神经，或者用无线电波是否可以给神经元装个"天线"。

众多神经操控仪器你方唱罢我登场，尽管它们最多也就是让麻醉的小鼠抖抖胡子、蹬蹬腿，但根本挡不住科学家们无处发泄的热情。只可惜当年炒概念拿风投的风气还没吹到神经科学界，让这个世界少了几个身家过亿的伟大梦想家，真是万分可惜了。

而这一地鸡毛的巅峰之作，就是 2016 年美国弗吉尼亚大学的一群科学家发明的"磁控神经系统"——万磁王（Magneto）。

这真不是我瞎掰的，他们真就在自己的论文里起了这么个名字。

从理论上来说，用磁场控制神经是个挺美满的想法。相比于光，磁场一般不传递能量而且容易穿透脑组织，似乎非常完美，但有一个小问题——我们迄今都没在自然界发现某种能将磁场转变成神经信号的蛋白质。

这是个无米之炊，但这阻止不了一些科学家试图"曲线救国"。他们找来了一种名叫铁蛋白（Ferritin）的特殊蛋白质。

这种蛋白质本身没有磁性，但由于其中结合有大量铁离子，所以这群科学家觉得它应该能像小铁珠一样被磁铁吸引。他们将这种铁蛋白与一种张力敏感离子通道融合在了一起，希望可以用磁力"硬拉开"离子通道产生神经信号。

虽然这事听着就不太靠谱，他们甚至连个像样的对照实验都没做，但是被新技术冲昏头脑的神经科学界早就管不了这么多了，一路保驾护航之下就让这篇论文发表在了神经科学的顶级期刊，也是当年最早发表光遗传的《自然－神经科学》上。

这下终于连迪赛罗斯都忍无可忍了。磁场控制神经这套，他当年已经和博伊登探讨过无数次了，只要有一丝可能性，也轮不到这些货色来上蹿下跳啊，他当即发文很委婉地表示磁控神经这种技术根本属于无稽之谈。

随后，旁观了整个过程的物理学界也看不下去了，就在同年，加州理工大学的计算神经生物学家马库斯·梅斯特（Markus Meister）通过物理学计算指出，根本不可能用磁力硬拉开离子通道，按他的计算，"万磁王"的拉力只能达到需求的约十亿分之一。

最终，全世界没有一个科学家取得突破性进展，磁控神经的闹剧也不了了之。

光遗传的发明直接让神经科学成了新的科研制高点，从光遗传诞生的 2005 年开始，美国、日本、中国以及欧洲的一些国家都直接为此制订了不同版本的国家级"脑科学计划"。

而与光遗传相关的所有人也全都走上了人生巅峰，博伊登几年后和那个在他最低谷时依旧支持他的人韩雪结了婚，他也慢慢地成了光遗传领域的头号大佬。而迪赛罗斯在遭遇背叛之后，反倒渐渐离开了光遗传领域，几年后又发明了另一种震撼神经科学领域的黑科技，助他一举成了美国脑计划的首席科学家。

潘卓华与迪赛罗斯的遭遇也间接推动了预印本制度的流行，逐渐有很多科学家提前将自己尚未完成的研究公开出来，这也可以为以后证明自己先完成相关研究留下公开记录。

> 注：预印本制度真正风行起来还是多年之后拜张锋与杜德娜的官司所赐。

这一束光，同时微微照亮了大脑与学术界两个黑箱。

随着对神经运作原理认识的不断深入，传统观念中认为神经只可能是全发放或无发放的二进制信号模式的认知也在逐渐变化。现在有越来越多的证据显示，神经还有其他信号模式，比如说神经细胞膜静息电位差的增强或是减弱，也就是神经科学中所谓的超极化和去极化，这些静息电位差本身也可能携带某些信息。

此外，很多神经会出现一种介于发放和不发放之间的状态，被称为局部电势场（Local Potential Field），或许也具有编码信息的功能。如果这个想法被证实的话，那么光遗传至少还有第二个大问题，就是光遗传只有"全"和"无"两种状态，无法模拟这些非发放性质的神经信号，而且在之前使用到光遗传的研究中，很多脑区的活动事后也都证实存在此类非发放性质的神经活动。那么，通过光遗传模拟出来的神经活动，有多大程度能代表真实情况，就更得打一个问号了。所以更新的神经操控工具，还依旧是神经科学领域孜孜以求的。

第七章　基因编辑

卡 bug，原本指利用程序漏洞实现某些本不应该做到的操作。理论上，只要是有代码的地方就有漏洞，有漏洞就必有人卡 bug，而这当然也包括承载了生命系统的 DNA 代码。接下来我要讲一个一群科学家挖空心思卡 DNA bug 的故事。

以 1953 年 DNA 双螺旋结构被发现为界线，生命科学被分割成了两个时代：在此之前，生命是一个具象的、最多用个显微镜就能一睹的现实世界；而在此之后，生命则越来越像是一个抽象的、由名为 DNA 序列的代码所构建起的虚拟程序。

最早的时候，人们对 DNA 工作原理的理解仅限于中心法则，DNA 先转录为 RNA，然后 RNA 再根据三联密码子法则，三个碱基对应一个氨基酸来翻译为蛋白质。

但很快，人们就发现是自己狭隘了，这些可以最终表达为蛋白质的 DNA 序列（大体上约等于我们日常概念中的"基因"），仅仅占生物全部 DNA 序列的不到 10%，它们相当于是 DNA 代码所构建起的宏大程序中的可执行文件（.exe），而大部分 DNA 序列更类似于一些辅助文件（.dll）。比如，决定在什么时候调用哪个 DNA 程序，如何为这些 DNA 程序分配资源等。

而到二十世纪八十年代，DNA 又一次刷新了人类的认知。

DNA 中的"数据库"

西班牙港口圣波拉（Santa Pola）美丽的白色海岸不但在数百年来吸引着无数游客，同时那里沿海的广阔盐沼也让此地成了世界上最优质的盐产地之一。而在这附近长大的弗朗西斯科·莫伊卡（Francisco Mojica）自然也是这片海滩的常客，可能就是缘于这份对故乡的留恋，当他于 1989 年在阿利坎特大学（The University of Alicante）攻读博士学位时，将自己的科研目光投向了一种从圣波拉的盐沼中分离出的古菌身上。

而也就是在这种古菌的 DNA 中，莫伊卡发现了一大段很反常的 DNA 序列，这是一种不断重复出现的由三十个随机碱基与三十六个固定碱基所组成，并具有一定回文结构的规律重复序列（Mojica，1993）。

尽管纯粹的重复序列在 DNA 中不算少见，但这种由随机碱基与固定碱基轮流出现所组成的重复序列在当时却是独一份。

随着研究的深入，莫伊卡又不断在其他种类的嗜盐古菌中找到了这种类型的重复序列，甚至于他还在故纸堆里翻出了一篇 1987 年日本科学家的论文，表明大肠杆菌里面也有类似的重复序列。

莫伊卡的研究一做就是十多年，到 2000 年时，他已经在二十多种细菌和古菌中发现了这样奇怪的重复序列，但他依旧没明白这序列究竟有什么用，只能给它起了一个就事论事的名字"规律间隔重复的短片段"（Short Regularly Spaced Repeats）。

一直到 2003 年的一天，莫伊卡突然想到，他之前一直都聚焦于这个重复序列中固定碱基的部分，却好像一直不太重视其中随机碱基的部分，因为这些随机碱基好像真的是"随机"的，别说是在不同菌中，就算是同一种菌的不同个体都不太一样。但万一那其实不是如看起来的那么随机呢？

于是他摘录了好几百条随机碱基序列，将其与国际 DNA

序列库中浩如烟海的 DNA 序列记录作比对。随着比对范围的不断扩大，突然，他发现这些随机碱基序列居然可以和一类未曾设想的 DNA 序列完美匹配。

病毒！

一瞬之间，一个大胆的假说在莫伊卡头脑中闪现了出来。

在揭示答案前我先打个比方，比如你要记账，你可能会这么记：

支出 1：××××，×× 元；支出 2：××××，×× 元；……以此类推。

如果一个不识字的人看的话，这就是一段由随机字符"××××，××"和固定字符"支出""元"轮流出现所组成的重复字符串。

这些由随机碱基与固定碱基轮流出现所组成的重复序列实质上是一种 DNA 程序中的数据库。确切地说，莫伊卡所发现的是古菌细胞中负责识别病毒基因特征的数据库。在自然界，古菌和细菌经常会受到各种病毒的侵袭，一旦它们从病毒的侵袭中幸存下来，就会像是记笔记一样把病毒的一部分基因特征记录下来，刻在自己 DNA 的病毒数据库中。

正所谓"菌子"报仇，十年不晚，如果下次同样的病毒还敢来犯，从这个病毒数据库中就会转录出大量的 RNA，被称为向导 RNA。这些 RNA 说白了就是病毒基因数据的抄本，相当于是印刷的通缉令。与此同时，细胞还会制造一种叫作 Cas 的蛋白质，这些蛋白质就像是一群警探，其中有些会和向导 RNA 结合，就像警探拿着通缉令一样以极高的效率照此拿人，精确切碎病毒的基因，从而实现对这种病毒的免疫。

莫伊卡发现的"规律间隔重复的短片段"后来有了一个更加著名的名字——"规律间隔成簇短回文重复序列"（Clustered Regularly Interspaced Short Palindromic Repeats），简称 CRISPR（Jansen 等，2002；Mojica 和 Garrett，2012）。

莫伊卡迅速通过一系列实验证实了他的假说，然而他的理论实在过于惊世骇俗，《自然》杂志甚至都不愿意将其交给业内专家做同行评议。他后来又把论文投递给了《美国科学院院刊》《分子微生物学》《核酸研究》等一系列期刊，但无一例外全都被拒之门外。就这么不断被拒绝了快一年后，莫伊卡终于心态崩溃。他破罐子破摔地将论文投给了一个不知名期刊《分子演化杂志》，但即便这样还又改了一年多才发表（Mojica et 等，2005）。

然而，让莫伊卡没想到的是，他的工作早就引起了一家法国公司 Rhodia Food 的注意，这家公司主要生产一种法国地方特色食品——德国泡菜。而这家公司的技术人员早就发现，用来发酵的乳酸菌的体质似乎不能一概而论，明明是同一种乳酸菌，面对同一种病毒，有时候可以免疫有时候却不能，而这经常导致公司产品质量变得不太稳定。

而莫伊卡的工作一下子解开了他们多年的疑惑。他们立刻发现，对病毒的抗性与乳酸菌 DNA 中的 CRISPR 序列密切相关。于是以此为抓手改进工艺，果然大大缓解了困扰公司多年的品控问题。

让资本家赚到钱堪称是对科研成果的终极认可，毕竟市场才是检验一项技术是否有用的标准。一瞬之间，再也没有人怀疑莫伊卡理论的正确性了。在随后五六年里，CRISPR 犹如一个吸引无数玩家参与的拼图游戏，一块又一块的拼图碎片被世界各地的科学家拼接到位。

就这样，到 2011 年，德国马普感染生物学研究所的埃玛纽埃尔·卡彭蒂耶（Emmanulle Charpentier）终于在前人的基础上彻底研究透了 CRISPR 的运作原理。当时的她还不知道，她刚刚触及了生命代码中最大的漏洞。

寻找 DNA 程序的 bug

那年，在风景如画的波多黎各，一群科学家正聚集于此参加学术会议。其实很多时候，所谓的学术会议不过是科学家巧立名目公费旅游而已，他们吹着加勒比海舒爽的海风，纷纷卸下心防，把酒言欢，在一片声色犬马之中，卡彭蒂耶邂逅了来自加州大学伯克利分校的 RNA 学家詹妮弗·杜德娜（Jennifer Doudna），她向卡彭蒂耶提出了一个酝酿已久的想法——利用 CRISPR 技术进行基因编辑。

自从 DNA 双螺旋结构被发现以来，人类就一直试图掌控这编码了整个生物界的底层代码，然而即便是二十世纪九十年代，倾注了全世界科研资源的"人类基因组计划"，也仅仅只能让人粗略地"读"出这些代码，而编辑这些代码的技术却一直进展缓慢。

纵观整个二十世纪，人类对此最多也就是掌握了一些被称为"转基因"的技术，这有点儿类似于往生命系统里面安装个新程序，打打补丁啥的，对于系统原有的代码影响很有限也很难精确控制，实现"基因编辑"的梦想还遥遥无期。

原因无他，DNA 对于生物而言实在太重要了，所以我们的细胞会用尽一切手段去防止 DNA 被篡改。

我们知道 DNA 是一种细长的分子，细长就意味着容易断，所以细胞有很多方法把断掉的 DNA 给"焊"回去。

而在杜德娜与卡彭蒂耶的讨论中，却琢磨出了一个利用

CRISPR 卡 bug 来修改 DNA 序列的方法。上文提到，CRISPR 系统中最终发挥功能的是一个叫作 Cas 的蛋白质，由向导 RNA 帮助它找到目标 DNA 并切断之。我们可以根据需要篡改的 DNA 目标人工设计一段向导 RNA，再把编码这段向导 RNA 和 Cas 蛋白的 DNA 用"转基因"的方法导入到细胞内，就会制造出一大堆 Cas 蛋白，带着向导 RNA 去精确切割所要篡改的那段 DNA。

但是，再好的能工巧匠也不会绝对不犯错误，DNA 的修复也是一样，会有那么一丝丝修错的可能性。

那就好办了。

如果 DNA 序列修复如初，那么它就会继续被向导 RNA 锁定，Cas 蛋白就会再去切，一直切，切到 DNA 被不小心修错，序列发生变化，导致向导 RNA 无法再锁定它为止，而一旦 DNA 序列被修改就有一定概率导致这个 DNA 文件彻底变成乱码，从而让这个基因失去功能，从结果上看等同于删除了一个 DNA 文件。

当然，除了删除，我们也得会插入和修改，这里就会卡一个更加精妙的 bug。

如果一根棍子用断了，那么断面上就可能会有一些磨损，导致你把这根棍子直接合回去的时候断面不是那么严丝合缝。

DNA 断裂时偶尔也有类似的情况，断的地方掉落几个碱基啥的，导致 DNA 没法儿直接拼回去，那么细胞应该怎样做才能把 DNA 修复如初呢？

其实细胞也不知道 DNA 本来"应该"是什么样子，但没事，像我们动物都是"二倍体"。简单来说，我们体内的每个基因都有两份，虽然这两份基因未必完全一样，但是在修复 DNA 时互相做个备份还是勉强凑合的。

但问题是细胞也不知道备份在哪里，长什么样，所以细胞的做法是拿着断 DNA 到处去比对，如果找到一段 DNA 序列和手里的断 DNA 断口前后的序列相似到一定程度，那系统就会判定这是修复的模板。

> 注：所以单倍体的生物 DNA 更容易突变，不过单倍体生物也有一些别的修复方式。

如果在转入 Cas 蛋白和向导 RNA 的同时，还转入一大堆与目标 DNA 相似的 DNA 片段，那么这些 DNA 片段就很有可能被细胞当作修复模板去修理断掉的 DNA。如果把这些 DNA 片段故意设计成自己所需要的样子，就可以根据自身需求来修改目标 DNA 片段了。

想明白了这一切，杜德娜与卡彭蒂耶再也坐不住了，她们迅速达成合作，只用了不到一年时间，就测试出了系统的最佳参数，并成功在试管里和细菌体内实现了 CRISPR 介导的基因编辑。

但随后，她们就很疑惑地发现自己的工作陷入了诡异的停滞，当她们试图在动物的细胞当中测试 CRISPR 时，曾经高效快捷的 CRISPR 却好像突然失效了，无论她们如何修改参数，动物细胞的 DNA 都岿然不动。

而这一点点小停滞，把她们的研究进度稍微拖慢了那么一点点，结果就让一个来自麻省理工学院的科学家半路杀出，后来者居上，那位科学家的名字叫作张锋。

科学天才

张锋生于中国河北省石家庄市，少年时随父母来到美国艾奥瓦州定居。在一堂课上，他看了一部电影叫《侏罗纪公园》，一般的少年看完以后是学里面的恐龙，但张锋学的是电影里的科学家，然后他真的去一家实验室学了一种转基因技术，叫作"慢病毒转染法"，还凭着这门手艺获得了英特尔少年科学天才奖（Intel Science Talent Search），随后他又去哈佛大学拿了个化学及物理双学士学位。

在此期间，张锋还到显微成像学领域前辈——庄小威教授的实验室里打杂，结果短短几个月时间，张锋那超越人类范畴的智力就让庄小威惊呼此人必将改变世界。

随后张锋又去斯坦福大学读研，刚一入学就帮助他的导师卡尔·迪赛罗斯完成了一项创造了神经科学新时代的重大科研突破，一举让迪赛罗斯成了诺贝尔奖的热门人选。

博士毕业，张锋就被哈佛大学特聘为"特殊研究员"。有了自由研究的权利后，张锋少年时的梦想又一次复苏，他开始对基因编辑这个课题产生了浓厚的兴趣。

专利的游戏

在 CRISPR 广为人知之前，世界上其实也有别的基因编辑技术的研发路线，在当时被寄予最大期望的一种基因编辑系统叫作 ZFN。我们无须对这个系统深入了解，只需知道它有一个小问题：其专利属于一家叫作圣加蒙的生物技术公司。

圣加蒙不但斥巨资垄断了一切与 ZFN 相关的技术专利，甚至还主张世界上所有科学家哪怕是为了改进 ZFN 系统都得向它付费。更丧心病狂的是，它还把 ZFN 最核心的部件列为商业机密，任何人想使用或研究 ZFN，都必须付高价向圣加蒙公司定制这些核心部件，而且公司还使用种种手段，宁可让 ZFN 性能下降也要修改工艺使之难以被外人破解。

经过这一通操作，原本前景广阔的 ZFN 研究几乎彻底停摆，到现在二十多年过去了，愣是没有开发出哪怕是一种基于 ZFN 的实用技术。而全世界的基因编辑专家也不得不放弃自己原有的研究，转而想办法寻找新的技术路线来绕开圣加蒙公司的专利垄断。

张锋自然也加入到了这股潮流之中，他很快就瞄准了当时的另一条基因编辑技术路线——"神话"（TALENs）系统，并且在非常简陋的实验条件下，以极短的时间就取得了惊人的突破，一举让原本甚少有人问津的"神话"系统一跃成了全世界公认的最有可能取代 ZFN 的新路线。

而这一切，吸引到了一个人的注意，他叫乔治·丘奇。他可不是一般人，他名为科学家，实为资本家。他不知疲倦地嗅探着生命科学领域每一个可能吸引投资的噱头，并且总能凭着一手浑水摸鱼的好功夫让自己赚个盆满钵满。

丘奇早就看不惯圣加蒙公司的垄断行为，所以他一看到张锋，便觉得此人实属出类拔萃之辈，于是他非常慷慨地借了几间实验室给张锋，又给张锋搞来了巨额科研经费与高端仪器，甚至还派出自己实验室的人去给张锋打下手。

那些被丘奇派来的助手说好听点儿是帮忙，说难听点儿就是监视，要是人家更心狠手辣一点儿，把张锋那些科研套路学到手后，再找个机会踢掉他，自己吃独食也不是不行啊。而且退一步讲，就算丘奇像小猫咪一样没有坏心眼儿，张锋这种级别的玩家也不会满足于被大佬赏点儿残羹剩饭。他要上桌子，必要的话也可以考虑掀桌子。只是他作为一个华裔，想要混进丘奇背后的圈子，真是难于上青天。

但这难不倒张锋，因为他会给丘奇及其靠山开出一个他们无法拒绝的价格。

2012 年，张锋即将离开哈佛大学的时候，突然全盘放弃了自己在"神话"系统上的研究，转而开始研究另外一种基因编辑技术——CRISPR。而且，张锋迅速用一系列实验证明，CRISPR 的性能很可能比"神话"要强上成百上千倍，这就意味着丘奇在此之前对于"神话"系统的巨额投资以及在张锋那里费劲抄来的技术全成了无用功。

这时候，加州大学伯克利分校的教授杜德娜已经和德国马普研究所的 CRISPR 理论泰斗卡彭蒂耶取得合作的消息传来，丘奇明白，以她们的实力实现 CRISPR 在动物体内的基因编辑只是时间问题。一旦这个技术可以在医疗、科研、农业等领域完全铺开，别人就再也没法儿染指这项技术的核心利益了，这就意味着丘奇只靠自己的力量转型研究 CRISPR 肯定来不及了。

就在丘奇快要绷不住的时候，张锋主动上门帮他绷住了。

张锋发现，杜德娜与卡彭蒂耶之所以没能在动物细胞中成功编辑基因，只是因为她们在面对不计其数的技术细节时忽略了一个初中知识点，CRISPR 来自细菌和古菌这些所谓原核生物。在这些生物细胞中，蛋白质就直接在 DNA 附近合成，所以产生的 Cas 蛋白马上就能切割附近的 DNA。但动物是所谓的真核生物，细胞当中的 DNA 存在于细胞核当中，蛋白质却是在细胞质当中合成的。因此，新合成的 Cas 蛋白也会停留在细胞质中，没办法进入细胞核去切割 DNA。

而张锋从一开始就没有忽略这个细节，解决方法也不难，动物细胞的细胞核当中也有蛋白质，这些蛋白质自然也是在细胞质当中合成的，那它们是怎么进来的呢？很简单，DNA 序列当中本来就有很多注释信息，其中有些注释信息就可以告诉系统：这个基因所合成的蛋白质应该被送到哪里去。这类似于快递包裹上的地址标签。

所以，只要在 CRISPR 系统中也加入一些告诉系统要将其送入细胞核中去的注释信息（核定位序列 NLS），那么 Cas 蛋白就会被送入细胞核里切割 DNA 了。就靠这么一个小优化，张锋在人类历史上第一次成功使用 CRISPR 编辑了动物的基因，但接下去的展开就比较诡谲了。

2013 年初，张锋和丘奇各自"独立"在世界顶级的学术期刊《科学》上发表论文，宣告他们两个实验室"同时"成功利用 CRISPR 系统编辑了动物的基因。但明眼人都看得出来，张锋的研究极其完备，论文条理清晰，甚至连辞藻都十分优美，而丘奇的论文则明显是短时间里赶工出来的，字里行间都显得他的团队不是很懂这个技术。

但不管怎么样，按照学术界的规则，丘奇和张锋名义上对此技术的贡献算是相等了。

作为交换，张锋离开哈佛以后立即以核心人员的身份加入了博德（Broad）研究所。这可不是一般的研究所，它是由十几亿美元打造的顶级科研机构，所长名叫埃里克·兰德（Eric Lander）。

这个兰德手眼通天的故事真是说也说不完，在此只讲一个，当年丘奇等人倡议开展人类基因组计划的时候，兰德还在研究计算机。按说跟这个项目八竿子打不着，但是就在人类基因组计划的核心工作取得突破后，兰德突然就空降成为人类基因组计划的总负责人，并由他代表人类基因组计划全体科学家宣布了该计划的成功。

在兰德的管理下，博德研究所内部等级颇为森严，虽然其名下有将近两百个科学家，但其中绝大多数都是外围的"合伙人"（Associate Members），只有十来位"核心成员"（Core Members）有资格在博德研究所内部拥有自己的实验室，而张锋就是当时所内唯一一名华裔核心成员。说来也巧，他隔壁实验室就属于他当年学到的第一份生命科学技术"慢病毒转染法"的发明人、一生多次与诺贝尔奖擦肩而过的犹太科学家鲁道夫·耶内施。

不管怎么说，现在是杜德娜与卡彭蒂耶率先发明了基于CRISPR 的基因编辑，更麻烦的是，杜德娜所在的加州大学在 2012 年 5 月就提交了专利申请，而博德研究所的专利一直到同年 12 月才提交。

张锋一开始的想法还是把对方收买过来，恰好这段时间卡彭蒂耶也向张锋抛出了橄榄枝，于是他们就顺理成章成立了一个联合公司 Editas Medicine。

结果一见面才知道这两拨人根本就是一个想的前门楼子，一个想的胯骨轴子。张锋以为卡彭蒂耶她们是过来投诚的，结果她俩过来却要求研究所出钱的同时还得让张锋给她们打工。

对此兰德等人觉得这俩人真是在欧洲待傻了，看来是时候给她们上一堂生动的法学课了。兰德立马找来了全美顶级的律师对专利法做了一番企业级理解，简单来讲就是他们提出"CRISPR 对 DNA 的切割"是一个"自然现象"，而自然现象不可以申请专利，只有"具体对某类生物用 CRISPR 基因编辑"才是可以申请专利的"技术"，所以卡彭蒂耶和杜德娜可以拥有对细菌基因编辑的专利，但是对动植物细胞的基因编辑的专利则只能属于张锋与丘奇。

差不多意思就是，我可以承认金矿是你发现的，但是我先发明了从这个矿里采集金子的技术，所以矿里的金子属于我，但我可以大方地把金矿里除了金子以外的东西都让给你。

这还没完，兰德团队的人在美国专利局发现（发明）了一条"特别加急申请通道"，而张锋与丘奇的专利申请就刚好特别符合申请加急的条件，于是他们明明晚提交了大半年的专利申请就非常合法地先审批通过了。

与此同时，在专利仲裁的法庭上，张锋掏出了完完整整的过去三年的实验记录，用铁一般的事实证明了是自己率先展开相关研究的。

事情做到这个份儿上，杜德娜与张锋也算是彻底撕破脸了，就在这个时候，兰德又跳出来公平公正地拉了把偏架。

2015 年，兰德给生命科学的顶级学术期刊《细胞》投稿了一篇长长的综述，名为《CRISPR 英雄谱》(*The heroes of*

CRISPR），事无巨细地列举了在 CRISPR 研究中全世界每一位科学家的贡献。

这篇文章最微妙的地方是，他从故纸堆里翻出了立陶宛科学家维尔吉尼尤斯·希克什尼斯（Virginijus Šikšnys）的基因编辑研究。

这位希克什尼斯早在 2007 年就在试管中尝试了用 CRISPR 切割 DNA 的可能性。当时，张锋还没拿到博士学位，杜德娜也还没听说过卡彭蒂耶，甚至世界上除了微生物领域外都没几个科学家知道 CRISPR 为何物。所以在某种意义上，希克什尼斯很可能是世界上尝试利用 CRISPR 编辑基因的第一人，但和之前提到的莫伊卡一样，希克什尼斯完成他的研究以后也是四处碰壁，绝大多数一线期刊根本不愿意把他的论文交给业内专家同行评议，一直到 2012 年底，在杜德娜与卡彭蒂耶完成了类似的工作以后，希克什尼斯的论文才被允许发表。

兰德就抓住了这一点，言下之意似乎就是如果按照杜德娜她们的主张，严格按照"专利权归于最先发明者"的规则的话，那么 CRISPR 的专利就会属于立陶宛的希克什尼斯了。

虽然之后兰德又站出来表示这篇综述有点儿"措辞不当"，大家仅供参考即可，但是这篇史上记录最详细并且辞藻优美的综述，在整个学术界产生了巨大的影响，直到今天，大家但凡要总结基因编辑技术发展史，都必定会参考兰德的这篇《CRISPR 英雄谱》。

那么在争端四起的时候，张锋在干什么呢？

他在暴论文。只说发论文的话实在体现不出他那种排山倒海一样的发文速度，所以叫暴论文比较合适。

在博德研究所，经费、仪器、人才、关系等每一样资源都任由张锋调度。如此一来，张锋的天才科研能力也就随之被开发到了极限。在 2013 年到 2017 年这段时间里，张锋几乎每个月都能在世界顶级的期刊上发表数篇重磅论文，水平差一些的科研工作者甚至都来不及消化。

在这些论文中，除了对 CRISPR 基因编辑本身的技术改进以及原理研究以外，张锋还对 CRISPR 工具做了一些改变。比如，原本 Cas 蛋白与向导 RNA 结合后是"锁定并切断目标DNA 序列"，经他一改，变成"锁定并荧光标记目标 DNA 序列""锁定并抑制目标 DNA 序列附近的基因""锁定并激活目标 DNA 序列附近的基因"，甚至他还发明了一个利用 CRISPR检测病人体液中极微量 RNA 的技术。

而相比之下，杜德娜这段时间虽然也在搞研究，但大部分科研成果不是比张锋慢了一拍，就是性能比张锋差了一截。更重要的是，张锋知道，当年圣加蒙公司的操作还在让广大生物学家心有戚戚，所以他公开宣称，他的 CRISPR 专利可以完全开放非商业使用，为此张锋主动免费公开了他研究体系中的几乎所有核心部件。

相比之下，杜德娜过了好久才公开，结果那时候全世界的科学家都已经用惯张锋的体系了。

2018 年，美国专利局正式裁定，张锋与丘奇的专利有效，并全盘驳回了杜德娜的申诉。

反戈一击

或许有人会觉得杜德娜和卡彭蒂耶好惨，但其实她们也不是乖乖待宰的羔羊。

卡彭蒂耶所就职的德国马普研究所差不多就相当于是德国的中国科学院，她在欧洲政商两界人脉甚广，实际上从卡彭蒂耶意识到 CRISPR 有成为基因编辑工具的潜力开始，她就一直游走于欧洲各大投资公司之间。

卡彭蒂耶原本的计划可能是完全由欧洲来主导这项工作，只可惜近几年欧洲的学术界实在一言难尽，最后只得退而求其次，精心挑选了杜德娜这个特别亲欧的美国科学家作为合作对象。

所以台面上是张锋和杜德娜之间的专利纠纷，而台面下则是资本之间的较量。

原则上，美国的专利只适用于美国国内。

那些欧洲富豪眼看在美国吃瘪，就在欧洲来了波原样反弹，把专利权全给了卡彭蒂耶与杜德娜，算是找回了点儿权威。

而未参与专利纠纷的其他国家，出于种种考虑，最终也纷纷选择站队杜德娜一边。

这场争霸的最后的余波是 2020 年的诺贝尔奖。从程序上讲，诺贝尔奖是由瑞典卡罗林斯卡学院的诺贝尔奖委员会根据全球科学家的推荐评选而出，于是乎，百忙如张锋每年也会抽出差不多一个月的时间去卡罗林斯卡代课。只可惜人家老欧洲不吃他那一套，还是把诺贝尔奖发给了卡彭蒂耶与杜德娜。

然而这场专利之战也带来了一个意想不到的后续。张锋与杜德娜狂风暴雨般地发论文，使得 CRISPR 在极短的时间内就优化成了一种操作起来没啥门槛的简单技术，而这吸引了数以万计的科学家乃至爱好者参与到了这波研发狂潮之中。

与此同时，随着不同资本对各自支持的科学家的投资层层加码，无数血腥的资本也闻风而动，四方的涓涓细流已然汇聚成了一股惊涛骇浪。而基因编辑对于伦理和产业的冲击也牵动着世界上每一个大国政府的神经，我们不得不去面对一个人类历史上百年未有之大变局。

当学术、资本与政治都陷入疯狂的时候，混沌的风暴便再也无可阻挡了。

混沌的野望

按照科学家原本绘制的未来图景，我们几年内就会进入一个大基因编辑时代，很快基因编辑就会渗入衣食住行等方方面面，到那个时候，他们的专利就会成为整个社会运转的基石。设想一下，如果今天所有的计算机程序都要向某人付专利费，这得赚多少？！

很可能在某一时刻，连张锋可能也相信了这个愿景，所以他才会那么果断地开放 CRISPR 专利，这样让全世界的科学家都参与进来，准备借着这股力量让大基因编辑时代尽早来临。

2016 年，张锋与另外两个实验室同时发表论文，宣布他们利用 CRISPR 基因编辑在动物实验中治愈了一种被称为进行性假肥大性肌营养不良（Duchenne Muscular Dystrophy，简称 DMD）的罕见遗传病。

这种疾病的成因是患者的某些基因发生了突变，导致他们的一种名为抗肌萎缩蛋白（dystrophin，Dys）的蛋白质出现了异常，而这种蛋白质原本的功能是保护肌肉细胞在剧烈的形变中不受伤害。因此，患者从出生开始，肌肉会逐渐萎缩、坏死，往往七八岁时就会出现明显的肢体枯瘦与姿态异常，并且在青壮年时期就会因为无力维持呼吸和心跳而死亡。

以前人类对这样的遗传病，本没什么特别好的办法，最多也就是加强营养，再用点儿刺激肌肉生长的固醇类药物让患者的肌肉萎缩得慢一些，毕竟病根子出在基因上，传统疗法往往无能为力。

而基因编辑却可以真正做到基因治疗，这不但让患者看到了根治这类疾病的希望，更重要的是，这也让资本终于看到了赚钱的希望。

什么生意最赚钱？人命生意最赚钱。为了活命，总会有人愿意开出你无法拒绝的价格。

一时之间，巨量的资金开始涌入这个领域，资本和政客纷纷开始规划起自己在新时代的位置，而近乎无限度的资本扩张也让来此淘金的科学家宛如过江之鲫，在此列举几名华裔。

刘如谦（David R.Liu），他发明了一种基于 CRISPR 的精确点突变技术，凭着这份投名状成了博德研究所继张锋之后的第二个华裔核心成员，还和张锋合伙开了家公司（Beam），一举实现了财富自由。

还有乔治·丘奇的得意门生，张锋亲授的师妹杨璐菡，提出可以利用 CRISPR 编辑猪的基因，从而将猪的器官可以移植给人，借此也成立了一家公司（eGenesis），吸纳了大量来自中国和美国的投资，一举跻身世界上最有影响力的青年富豪之列。

然而，当大家满怀期待地希望 CRISPR 可以带来更多医学奇迹的时候，它却让人失望了。

张锋与杜德娜背后的财团发现，他们最大的敌人并非彼此，而是大自然。

道阻且长

人类是一种多细胞生物，我们体内数以亿计的细胞每一个都携带一份完整的人类基因组，而基因治疗，也必须将 CRISPR 系统送进患病组织中的大多数细胞里，这本身就是个难以完成的任务。我们现有的唯一手段是借助于病毒。

病毒感染细胞的时候会把自己的 DNA 注入宿主细胞当中，科学家便利用了这个特性，通过一些手段将 CRISPR 系统取代病毒原有的基因包裹在病毒颗粒当中，相当于把病毒当成了寄给细胞的快递包裹。

但问题是，在自然界，病毒的感染能力无法达到研究者所设想的那个水平。因为对于病毒来说，只要成千上万粒病毒当中有一粒成功感染，那么它们的基因就能延续下去，所以演化之手并没有把病毒的感染能力塑造到登峰造极。

在实际操作中，哪怕是对着一千个细胞撒上一百万粒病毒，最终也只有很少一部分细胞会被感染。可能有人会提出，那就可以多感染几次，或者改造病毒增强感染力，等等。诸如此类的尝试，科学家都已做过，均存在各种各样的问题。

也正因此，用基因编辑治疗就会有奇效的，往往也只有像进行性假肥大性肌营养不良之类的疾病，因为只要有那么百分之几的肌纤维可以恢复正常，人的运动功能就勉强够用了，保住性命就更是不成问题。但大部分疾病哪有这么凑巧，这也是为什么诸如癌症之类的疾病都指望不上基因治疗，因为只要有哪怕 1% 的肿瘤细胞幸存下来，那就是白干一场。

类似的挫折也出现在了其他基因编辑相关产业之中。

更不妙的是，CRISPR 的系统性短板也逐渐暴露了出来，其中最麻烦的一个缺陷叫作"脱靶"（off target），通俗点儿说就是 CRISPR 系统对 DNA 序列的识别不是 100% 准确的。原本设计 CRISPR 编辑这个基因，它偶尔还会意外地伤害了另一个基因，而这种脱靶现象为基因治疗带来了隐患，因为人体内有一些基因的作用是阻止细胞癌变，如果CRISPR脱靶到这些基因上，就有一定的概率引发癌症。之所以说这个脱靶现象麻烦，就是因为CRISPR相比于之前的ZFN和"神话"系统，脱靶率非常低，低到了当时的技术手段很难检测到的水平，但这样一来也就意味着人们也无法精准评估脱靶带来的风险。

由此各国不得不先收紧了对基因治疗临床化的审批。

然而科学家要成果，资本家要利润，政治家要政绩，这些人已然捆绑成了一辆高速行驶的超级战车，而且没有任何一个人愿意或能够为这辆战车踩一脚刹车，只能任由它越开越快，越开越快。

但在现实受挫的情况下，有些事情已经开始和原本的预期出现了一点点偏差。比如，有很多公司开始意识到，科研这事投资巨大却不知道啥时候能有回报，但是在资本市场上赚钱真的一定要有科研吗？

因此，许多"科技公司"开始了悄悄地转型，或者应该说有很多公司转型成了"科技公司"。它们在PPT上描绘出一个比一个辉煌的蓝图，画出一张比一张诱人的饼，它们不断吸纳投资，公司市值不断膨胀，然后用各种手段卖掉公司，套现离去。

这些事迹被基因编辑的"创始人"之一乔治·丘奇看在眼里。他表示，跟这些虫豸在一起，怎么搞得好基因编辑呢？于是，丘奇与人合伙成立了一家 Colossal 公司，提出要利用基因编辑技术制造猛犸象。

这有什么用呢？丘奇给出的答案是，防止全球变暖。

他描绘的具体操作大概是这样：他们先造一大堆猛犸象，然后把这些猛犸象放到西伯利亚去。猛犸象就会把西伯利亚的树给推倒，树倒了以后冻土上就会长草，草比树更能反射阳光，冻土就不会化掉，冻土不化掉，冻在里面的甲烷就不会跑到大气中去。甲烷是超级强的温室气体，所以这样可以降低温室效应。

但就是这种没个十年脑血栓根本想不出的创业计划，居然很快就拿到了一千五百万美元的投资。

在美国那边群魔乱舞的时候，太平洋另一边的中国也没闲着。

新赛道的新玩家

其实，在这场生命科学的技术革命中，中国的地位从一开始就有点儿尴尬。

2012 年以后的中国并不缺科研经费，也不缺乏各种先进仪器和研发硬件，甚至在人才方面也没有显著落后于美国。

研发 CRISPR 的核心人物丘奇、张锋都是出了名的爱招收中国学生。

注：丘奇的妻子吴婷也是华裔。

而这些中国学生中有相当一部分也都回到了中国创业，或者在科研院校任职，其中就包括张锋发明 CRISPR 基因编辑的论文第一作者丛飞，以及第一只严格意义的 CRISPR 基因编辑动物的创造者杨辉、王皓毅等。

除此以外，张锋的开诚布公从客观上也促使一大批勤奋肯干的中国本地科学家转型基因编辑研究后，迅速达到了国际顶尖水平，比如中国农业科学院基因组研究所的左二伟，在 2014 年便改进工艺将 CRISPR 删除某些基因时的表观效率提高到了100%；之后又在 2017 年在世界上率先实现了用 CRISPR 删除一整条染色体；2019 年又发明了一种全新的检测 CRISPR 基因编辑脱靶的技术，比之前的方法灵敏度提高了一百万倍，这项技术很有望成为基因编辑领域评估脱靶风险的国际标准；2020年又利用蛋白结构生物学基本理论，大幅度降低基因编辑脱靶效应，研发了高精度基因编辑技术。

类似这样的中国科学家还有很多很多。可以说，如果美国是基因编辑研究的世界第一，那么在今天，中国应该就是世界第二。

公允地说，作为一个生命科学领域非常后发的国家，能追赶到这个水平已经非常了不起了，只是一直处于这种临界状态会让人心有不甘。

更何况张锋他们宣称的只是对 CRISPR 的"非商业使用"开放专利，那以后 CRISPR 商业化了呢？而且张锋背后那些财阀曾经的操作也告诉我们，这个所谓的"开放非商业使用"随时都可以按需解释。

如今，中国科学家对于基因编辑的贡献明明并不比美国科学家少，难道我们仅仅因为一点儿法律上的文字缺失而束手无策吗？

所以在最近这几年里，国内是真真切切地对中国的科学家予以厚望。

首先，必须要肯定的是，这种上下一心的期盼客观上促进了中国的科研进步，我们的基因编辑研究能有今天的地位离不开社会上下的鼎力支持。其次，时代洪流也必然泥沙俱下。

韩春雨事件

2016 年 5 月 2 日，河北科技大学副教授韩春雨在顶级学术期刊《自然－生物技术》（*Nature Biotechnology*）上宣布，他发明了一种新的基因编辑技术，叫作 NgAgo。

这种技术在原理上和 CRISPR 差不多，但核心成分不一样。CRISPR 的核心是一类叫作 Cas 的蛋白质，而 NgAgo 的核心蛋白是 Argonaute；CRISPR 定位用的是 RNA，而 NgAgo 用的是 DNA。

理论上，只要这个系统性能不是特别弱，就可以打破张锋与杜德娜的专利垄断，成为一种真正属于中国的基因编辑技术。

其实从事后诸葛亮的角度来看，NgAgo 在原理上就存在一些缺陷，而且一般来讲，新技术问世后也不应该那么快就予以评价。

注：业内的科学家往往会比媒体早一些知道这些重大技术突破。

然而放在那个时代、那个地点，媒体可就疯狂了。而河北省和河北科技大学的领导们面对突然浩浩荡荡冲来的记者大军，显然也十分茫然，故之后给了韩春雨名誉头衔与经费。

国内外的科学家经过反复验证，纷纷表示韩春雨的 NgAgo 没用后，所有人都崩溃了。

韩春雨先是宣称已经有人重复出了他的结果，后又表示自己马上会推出肯定有效的升级版本。一直磨了快一年，直到河北科技大学也服软表示要调查他的时候，韩春雨申请撤回了自己的论文。

虽然网上经常把"韩春雨事件"与韩国"黄禹锡事件"、日本"小保方晴子事件"并列东亚三大学术造假事件，但以我的经验来说，河北科技大学调查下来得出的韩春雨团队没有主观造假的结论还是可靠的，毕竟韩春雨遭到质疑后没多久就公开了自己的全部原始数据，真有造假的话国内外那么多人查下来也不可能发现不了一点儿蛛丝马迹。

> 注：黄禹锡和小保方晴子都是先被人发现了造假痕迹后才东窗事发的。

如果说韩春雨和他的 NgAgo 只是国内在面对基因编辑这个新场景时缺乏经验所引发的闹剧，那另一件事就不太好评价了。

贺建奎事件

就像当初的克隆技术一样，基因编辑从诞生之日起，关于"基因编辑人"的讨论就从未停止过。不过大家一直都觉得，就像当年因为技术门槛让克隆人成了杞人忧天一样，基因编辑人多半也就是随便说说，因为除了必要的基因治疗外，这样做并没有什么好处。

也许有人担心有了基因编辑技术，有钱人就会把自己的基因优化到最完美的状态，于是穷人就翻不了身了……

且不说人类还远远做不到大规模地修改基因，现实中的基因也压根儿没有优劣之分，数亿年的演化筛选出来的基因都不会很差，往往只能说各有各的优势，更何况基因编辑人也存在技术障碍。

从基因编辑技术出现伊始，人们就一直在试图利用这个技术定制"基因改造"的动物，只不过正如之前所说，动物是多细胞生物，我们很难一次性完全修改动物体内所有细胞的基因。

但人们转念一想，直接对动物的受精卵做基因编辑不就好了嘛。直到今天，这还是人类制造基因编辑动物的主流方法。

但这个技术也存在一些缺陷，从基因编辑的运作原理来说，它相当于是用一个死循环的程序去等待细胞出错，这需要很长的时间，而受精卵分裂的速度非常快，等到基因编辑成功的时候，受精卵早就分裂为成千上万个细胞了。

因此这就会带来一个问题：本来 CRISPR 的基因编辑就不是 100% 能成功的，随着细胞分裂，CRISPR 系统的效能还会不断减弱，大大降低了成功率。最终，一千个细胞里可能也就那么一两个能编辑成功，外加一些别的因素制约，有时候基因编辑动物体内被成功编辑的细胞占比可能连万分之一都不到。因为这相当于是一小部分编辑成功的细胞"嵌合"在一大堆编辑失败的细胞当中，所以这个编辑成功的细胞的占比叫作"嵌合率"。

2014 年，我国的季维智教授就与人合作制造出了全世界最早的 CRISPR 基因编辑猴，但是这些基因编辑猴的嵌合率极低。

虽然在此之后人们又几经技术改进，让基因编辑成功的细胞的嵌合率高了一些，但始终远远达不到 100%。实际上，在灵长类基因编辑领域，这个"编辑了，但只编辑了一点点"的难题，一直到 2019 年克隆猴技术成熟以后才得以解决。

但万万没想到，还真有胆大的。

2018 年 11 月 26 日，一则名为《世界首例免疫艾滋病的基因编辑婴儿在中国诞生》的报道突然引起了全世界的关注。根据

报道，来自南方科技大学的贺建奎副教授宣布他利用 CRISPR
基因编辑技术删除了两个人类胚胎中的某个艾滋病感染受体，
从而制造出了两名所谓"对艾滋病免疫"的人类婴儿。

这一刻，那些屹立于科技巅峰的科学家、资本家、政客突
然意识到，他们要为自己过去六年的冒进买单了。

贺建奎的方法所制造出的"基因编辑人"和之前季维智的
基因编辑猴一样，她们体内只有很少的一部分细胞被成功基因
编辑，而体内绝大多数免疫细胞上依旧是有艾滋病感染受体
的，不可能对艾滋病免疫。

更何况那个艾滋病感染受体本身在人类的免疫系统中也有
一定的功能，贸然去除也未必是什么好事。

此外，CRISPR 是有可能脱靶的，而只要有一个细胞脱靶
到了致癌的关键基因上，就有可能引发癌症。

也就是说，这两个基因编辑的女婴不但没有获得任何好
处，反而平白无故地增加了一点点致癌风险，所以我们有充分
的理由相信，这两个女婴的父母在同意贺建奎的提议前，很可
能并不清楚这一切。

此事在国内引起了轩然大波，在一片唾骂声之中，贺建奎
被开除职务并被判刑三年。但相比国内众口一词的批判，国外

的媒体和学术界对此的评价却很微妙。

在贺建奎发表"成果"后没几天，乔治·丘奇就跳出来表示他要"提出一些平衡意见"，之后还有媒体认为贺建奎不应该遭受惩罚，甚至认为他是某种意义上的开拓者，并主张重新考虑学术伦理的边界。

尽管这些声音一方面，在很大程度上是担心收紧的伦理审查会让基因编辑领域可能的泡沫提前破裂；另一方面，也是因为全世界惊恐地发现了一件事——

在过去这些年里，基因编辑似乎被开放过头了，导致任何人只要花上几千块钱就能买到基因编辑所需的全套核心部件。大家沉醉于大基因编辑时代的辉煌愿景当中，不愿也不敢为此设置限制。现在回看过去，反倒是贺建奎这个愣头青，以一种大家都不太希望的方式踩了一脚刹车。

在我国 2020 年的刑法修正案中，"非法基因编辑罪"正式被写进了刑法，中美等国也出台了一系列措施堵上了伦理审查的漏洞。

不知后人会如何评价贺建奎的这段历史，但我们可以确定的是，在关押贺建奎的监狱之外，基因编辑的战车依旧在高速飞驰，无数激动人心的突破依旧不断从各大科研院校与企业的实验室中奔涌而出。

　　说实话，作为一个科学传播者，我原本并不是很想谈及基因编辑这个话题，毕竟科学传播应该述而不作，我不应该代替历史去揣测一个技术的未来，哪怕这个领域就是我所学的专业。

　　但也正是因为在这个领域摸爬滚打了那么多年，我深深地感受到基因编辑总有一天会与我们每一个人息息相关，而我们每一个人的所思所想、所作所为终将汇聚成历史的潮流。所以我愿意耗费心血将我所经历的种种展现出来，愿如此可以将历史前进的方向交给历史的主人。

　　最后我想说，纵使危险重重，我们也不应该因噎废食。越是重大的技术突破，我们就越应该勇敢地直面浪潮，在挫折中学会使用更高超的手段去掌控技术。毕竟作恶的从来都不是技术，而是人；而受害者从来不是因为拥有技术，而是因为没有技术。

延伸
科普

基因治疗的理想与现实

自从基因编辑问世以来，就一直有一个非常受人关注的应用前景，那就是利用基因编辑治疗那些传统方法无法治愈的遗传病或是后天性的因为基因突变导致的疾病，比如癌症等。毕竟这些病本质上就是基因出错，那么，用基因编辑的方法把那个错给纠正回来不就能从源头上根治这些疾病了吗？这就是"基因治疗"的概念。

只不过理想归理想，现实中的基因疗法却还有诸多困难。

比如，在大多数情况下，遗传疾病都是经由产检甚至是婴儿出生以后才被诊断出来的，但这个时候人体已经发育出数以亿计的细胞，在这种情况下，医生需要修复的就是数以亿计的细胞的基因。那么，如何让这么多细胞都得到修复就是个大难题。

而更难解的是，很多遗传疾病，比如很多先天性智力障碍，往往是在胚胎发育的较早阶段就已经发病，等到婴儿出生，那个"坏基因"已经造成了非常严重的后果，就像是因为图纸出错导致楼房从地基开始就建造歪了，等楼建造完再去修就会非常困难一样。这类发育性的遗传病在很多情况下利用基因治疗也效果有限。

不过即便如此，科学家还是想尽办法筛选出了一批可以用基因治疗解决的疾病，并且巧妙地将基因编辑技术与其他技术相结合，创造了非常神奇的医疗技术。

比如，最近有望大规模用于临床的 Car-T 技术，就是通过基因编辑技术，在体外对人体的某种免疫细胞加以修改，使之对某些癌细胞的敏感性大大提升，之后再将这些改造后的免疫细胞回输到病人体内，就有望治疗病人的癌症。这种疗法由于用的原料就是病人自身的细胞，副作用远远小于传统的化疗与放疗。此外，有不少证据都表明其疗效也远高于传统疗法，或许会成为人类打败癌症的重要一步。

与之类似的，还有一些科学家发现，通过基因编辑技术或许还能治疗诸如帕金森病与阿尔茨海默病等神经退行性疾病。简单来讲，就是这些疾病的根源是人类的中枢神经系统中某些神经细胞的死亡，而科学家发现，人类中枢神经系统中有一类细胞数量很多但作用不算很大，被称为胶质细胞，它们相当于是神经细胞的仆人，而通过基因编辑技术，科学家可以将这些胶质细胞转变成神经细胞，从而替代那些死掉的神经细胞，继而缓解病人的症状。

那么，你觉得基因编辑技术会消灭多少传统上的不治之症呢？

正在发生的
生物技术革命，

将使计算器革命
相形见绌。

part 2

世界顶尖生物
实验室的
科研突破

第八章　精确操控小鼠猎杀模式

恐惧、背叛、杀戮……数十亿年来，这些都是支配着地球的法则。面对同一样东西，有的人无动于衷，有的却心心念念，于是众生不再平等，有些生物爬上了食物链的顶端，而另一些则沦为猎物。然而这巨大差异是如何形成的呢？最近，《细胞》杂志发表的一项研究表明，在小鼠的脑中存在一个"猎杀中心"，或许为这个问题寻找到了些许线索。

大脑中究竟有什么样的奥秘，能让某些生物站到食物链的顶端呢？

这项研究用到了小鼠，而且不是用来当猎物。事实上，自然界当中大多数哺乳动物多少都会有一些捕猎行为，纵然是小鼠，也有翻身当猎杀者的时刻。

　　科学家根据之前的研究推测，大脑当中的"猎杀中心"存在于一个叫作杏仁体中央核（the central nucleus of the amygdala）的脑区。为了检验这个猜想，科学家需要非常精确地操控这个脑区的活动，因此，他们用到了光遗传。

杏仁体（图中①部分）是小鼠脑部边缘系统的一部分，
一般被认为和各种情绪反应有关

　　对神经科学稍微有所关注的人多半对"光遗传"这个名词都不会感到陌生。光遗传技术指的是先利用基因工程将特定的光敏感蛋白表达在特异的神经元当中，然后再在脑中埋入光纤，从而非常精确地用激光控制神经元的活动。这是目前最强大的神经操控技术，总之这年头你要研究个神经环路，不用点儿光遗传都不好意思跟人打招呼。在这个研究中，科学家把光敏感蛋白放到了杏仁体中央核中，同时在小鼠颅内埋入光纤，只要按下开关，一道蓝色激光就会顺着光纤射入小鼠脑中，从而非常精确地激活小鼠的杏仁体中央核。

鉴于小鼠在自然界中的猎物大多是一些昆虫，研究人员将一只蹦蹦跳跳的机器虫放在老鼠身边。一开始，小老鼠的怂货本性暴露无遗，被这机器虫吓得四处乱窜。然而，当研究人员按下开关，激活小鼠杏仁体中央核的一瞬间，小鼠突然就扑向机器虫猛一通狂咬。

当激光关闭（不激活杏仁体中央核）的时候，小鼠四处躲避机器虫；而当激光开启（激活杏仁体中央核）时，小鼠立刻扑向机器虫并撕咬。

接着，研究人员又证明了小鼠的这种狂暴行为并不会针对同类，而且也不是由于饥饿感。至此，科学家证明了小鼠杏仁体中央核真真切切是让小鼠变成了猎食者。

在这项实验中，刺激小鼠的杏仁体中央核只是激发出了小鼠本来就存在的猎杀行为，并不会让小鼠进入某种暴走状态。

至此，科学家的工作还没结束。我们经常见到猫或狗喜欢追逐一些移动物体，比如网球、激光点等，但是它们好像只会追逐，却不会真的去试图毁掉这个物体。科学家怀疑，"捕"

和"杀"分属于两套不同的系统。

　　进一步的研究表明，杏仁体中央核确实会影响到两个下游神经通路，分别作用于中脑运动区（mesencephalic locomotor region）和小细胞网状结构（parvocellular reticular formation），前者负责调控小鼠的追逐行为，而后者则负责杀戮。

　　如果科学家损伤或者用神经阻断剂抑制小细胞网状结构，小鼠就只会表现出追逐行为而不会去用力撕咬"猎物"，反之亦然。考虑到无论是杏仁体还是那些下游脑区，都会受到包括疼痛、情绪以及视、听觉等多种因素的影响，这或许从某种方面揭示出，猎杀行为的神经机制比以前所想象的都更为复杂。

　　很显然，科学家已经不是第一次通过精确操控神经来诱导老鼠的行为了。如今，只需要刺激少数脑区当中的少数神经，我们就可以随心所欲地驱使老鼠去吃，去杀。随着大脑的神秘面纱逐渐被揭开，我们也许不得不思考，所谓的意志，到底有多自由呢？

　　在这个时代，我们距离科幻中的概念总是如此接近。

第九章 辅助生殖技术能拯救濒危动物吗？

　　地球上的物种正在遭受新一轮大灭绝，这已是一个不争的事实。物种灭绝之势仿若黄河决堤，纵有无数人拼尽全力也无可奈何，人们只能眼睁睁地看着一个个物种从近危走向濒危、极危、野外灭绝直至灭绝。

　　譬如北部白犀牛（Ceratotherium simum cottoni），其野生种群早已灭绝殆尽，而圈养的也只剩下区区两头雌性，这个一度十分繁盛的物种似乎已然不可能有救了，但是有一个不知道算不算好消息的消息是，在过去几年中，科学家已经提前将二十多头北部白犀牛的组织冷冻在了液氮里，于是便有一些致力于拯救濒危动物的学者将求助的目光投向了辅助生殖技术，也就是人工授精以及克隆等手段。毕竟在此之前科学家曾经利用在液氮里保存了几十年的小鼠组织细胞成功克隆出活的小鼠。

　　更何况全世界有无数用于科研和育种的克隆鼠、牛、羊，每年都有大量的试管婴儿在医院里呱呱坠地。似乎现代科技完全可以用来保护濒危动物，甚至复活灭绝动物打造一座"侏罗纪公园"也是有可能的。

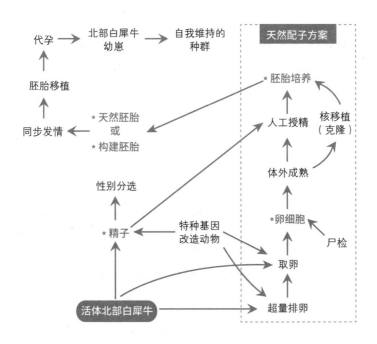

利用现代技术维护北部白犀牛的方案设想（＊低温贮藏）

但实际上，理想与现实之间总是存在一定的差距。

无论是人工授精还是克隆，操作起来都很不容易

以人工授精为例，从表面上看，我们只需要从母犀牛那里取些卵子，从公犀牛那里取些精子，然后将它们结合在一起。但问题是实验室里保存在液氮中的十头过世白犀牛的精子经过冻融后，活力也会远逊于新鲜精子。而人工授精的体外环境更是比犀牛的输卵管内要恶劣得多，所以要让精卵自由结合恐怕没想象中的那般容易。

那干脆把精卵结合的工作"包办"了？这倒也算是一种方案。以单精子注射（ICSI）为代表的第二代人工授精技术，可以利用显微操作将精子直接注射到卵细胞当中去，这门技术已经让无数弱精症患者拥有了自己的后代。但问题是数千万年的演化历程已经让哺乳动物的生殖细胞强烈依赖于母体环境了，从精卵结合到胚胎发育都需要特定的环境，所有辅助生殖技术都需要建立既能充分模拟体内环境又能缓冲体外环境变化的操作体系。而单精子注射往往需要在卵细胞上开出一个放入精子的孔洞，这势必会对卵细胞造成损伤，故而对操作体系的要求更为严苛。

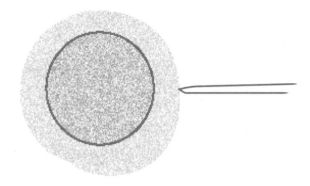

单精子注射的显微操作过程

　　所有显微操作都会对卵子或胚胎造成不同程度的损伤，这会降低胚胎的成活率，尤其是当操作体系还不够完善的时候。

　　既然连单精子注射这种"微创手术"我们都还没有把握，那么像克隆之类，先要吸走卵细胞核，然后再注入一个体细胞核的"大手术"就更是无从谈起了。

现在研发操作体系已经太晚了

　　读到这里，相信你已经注意到问题的关键就在于这个"操作体系"。所谓的操作体系，包括取卵方法、卵细胞保存环境、显微操作方法、卵细胞激活方法、胚胎培养环境、胚胎移植方法等几大模块数十处技术细节，但目前我们对最适用于犀牛的每一个技术细节都浑然不知。而目前的生物学理论只能为各个技术参数指明一个模糊的大方向，要找出恰当的操作体系只有两种方法：要么从头摸索；要么借鉴其他物种。

从头摸索是不太可能了，之前绵羊、猪等动物的操作体系，都是各路研究者从屠宰场捡来成吨成吨的卵巢，用数以万计的卵子硬生生试出来的。作为一个数量屈指可数的物种，北部白犀牛显然提供不了这么雄厚的资源。

北部白犀牛是濒危动物，并不能摘取卵巢取卵，只能通过外科手术从活体卵巢中取卵，所以取到的卵子只会更少。

而借鉴其他物种的操作体系也希望渺茫。被借鉴的物种一来本身操作体系要尽量成熟，二来亲缘关系要尽可能与之接近。目前我们能够克隆的和犀牛最接近的物种是马，但是这两者的亲缘关系基本上就跟人和狐猴差不多，更何况马的操作体系也不算完全成熟。就算是在马的操作体系基础上加以改进，也不是现有的犀牛种群数量可以承受的。要知道，目前操作体系最臻于完美的动物是小鼠（Mouse，Mus musculus），但是与小鼠亲缘关系非常接近的大鼠（Rat，Rattus norvegicus）却鲜有克隆成功的例子，因此，要实现从马到犀牛的跨越要消耗多少犀牛的卵子与子宫可想而知。

　　至于诸如建立 iPSC 细胞系体外诱导生殖细胞之类的方案，那更是基本还属于科幻范畴，目前这类技术哪怕在实验室的小鼠身上都还非常勉强，更遑论是用来保护濒危动物了。

　　当然，一切的一切说到底还是技术问题，技术总会有突破，从理论上说，我们可以把所有濒危动物的卵子和精子都冻起来慢慢等待技术成熟的那一天。但是看着一个个鲜活的生命沦落为液氮罐里一根根冰冷的冻存管，这真的是我们愿意看到的结果吗? 在未来的某日，这些生灵从百年的迷梦中复苏，呈现在它们眼中的还是那个沉睡前的世界吗?

第十章　基因编辑技术新用场，这次是敲除染色体

一次"研究事故"，或许给唐氏综合征患者带来了福音。

中国科学院神经科学研究所的博士后左二伟可能从没想过，自己一个无心插柳的实验竟能带来如此不可思议的收获。

时光回溯到 2015 年 4 月，当时的左博士正在研究如何利用 CRISPR 技术敲除小鼠 Y 染色体中的基因。Y 染色体非常特殊，传统技术对敲掉它的基因无能为力，而左博士希望新技术可以帮助他突破这个瓶颈——逐一敲除 Y 染色体中的基因，以便理解这些基因各自的功能。

结果非常喜人，CRISPR 果然能高效地敲除小鼠受精卵中

Y 染色体上的基因。有的基因被敲除之后能让小鼠出现弱精症，有的则会令小鼠生殖器发育不良，一切都很顺利，实验结果也基本能和前人的研究对得上号。

敲到最后，Y 染色体上只剩下三个还不曾尝试敲除过的基因——*Ssty1*、*Ssty2* 和 *Rbmy*。然而，就在敲除这三个基因的时候，发生了很诡异的事情。

简单来说，这三个 Y 染色体基因无论敲除哪一个，都好像会让小鼠"变性"——生下来全成了雌的。虽然科学家对这几个基因了解得还不多，不过一般认为，它们也就能稍微调节一下雄性的生育能力而已，再怎样也不至于让小鼠变成"女装大佬"呀。

左二伟跟导师讨论了一番后，一个有点儿离经叛道的想法冒了出来：Y 染色体该不会整个都没了吧？

左博士立刻着手做了一系列检测。果不其然，那些变性的小鼠的性染色体只剩下了孤零零的一条 X 染色体，Y 染色体全都找不到了！

人类有时候也会出现性染色体只剩下一条孤独的 X 染色体的情况，这在医学上称为"特纳综合征"。这类患者出生时有着女性的外表，但是不会发育出第二性征，更不能生育，基本可以视为无性人。而小鼠与人类的情况则稍有不同，只有一条单独 X 染色体的小鼠和正常雌性小鼠（有两条 X 染色体）基本没什么不同，一样可以发育和生殖。

XO 小鼠和 XX 小鼠

只有一条单独 X 染色体的小鼠（左侧标 XO 者）和正常雌性小鼠（右侧标 XX 者）都有正常的雌性外生殖器（①）和乳头（②）。

为什么敲除这三个基因能让整个 Y 染色体都跟着陪葬呢？左博士想到了这三个基因的一种非常奇怪的特征。

无论是人类还是小鼠的大部分基因都只有一份拷贝，存放在染色体的某个特定的位置上，而 *Ssty1*、*Ssty2*、*Rbmy* 这三个基因则不一样，它们有很多拷贝，均匀地散布在整条 Y 染色体当中。敲除基因的时候，CRISPR 就像是基因精确制导导弹，对于一般的基因来说，定点打击，破坏掉目标基因便大功告成了。但是对于 *Ssty1* 之类的多拷贝基因，情况就不同了。CRISPR 会无差别地打击 Y 染色体上这些基因的每一个拷贝。染色体就像是一座房子，你在墙上打一个洞，修修补补也能恢复如初，但要是你把这房子直接打成个筛子，那它就只有垮掉的份儿了。遭受重创的染色体也很难在如此严重的破坏中恢复过来，只能被细胞当成垃圾清理掉。因此，整个 Y 染色体都没了。

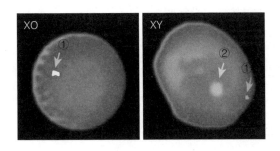

被 DNA-FISH 技术标记的 XO 细胞和 XY 细胞

对拥有 XY 染色体的细胞（XY），可以用 DNA-FISH 技术给 X 染色体打上标记（图中①），Y 染色体打上标记（图中②）。成功敲除 Y 染色体的细胞（XO）当中 Y 染色体不复存在了。

左博士突然意识到，人类似乎还从未想过能在细胞中"删除"一整条染色体。这下，想不搞个大新闻也不行了。

科学家嘛，总得跑得比所有人都快才行。在后来的一段时间里，左博士几乎到了茶饭不思的地步，甚至曾连续三个星期寸步不离实验室，饿了就托人给他买个饼吃，困了就趴桌子上打个盹儿。

左博士首先要搞清楚的问题是，这样的手段是只能敲除 Y 染色体，还是什么染色体都能敲除？毕竟 Y 染色体个头儿最小，而且缺乏自我修复机制，别的更加皮实的染色体可不见得吃这一套呀。于是，左博士先拿另一条性染色体——X 染色体试了试水。果然，也没问题。

接下来就要考虑些实在的东西了。

大家可能听说过一种叫作"唐氏综合征"的疾病。这种疾病还有一个名字，叫作"21- 三体综合征"。一般人只有两条 21 号染色体，而唐氏综合征患者细胞中有三条 21 号染色体。唐氏综合征是造成新生儿染色体异常疾病中最多见的一种，发生率高达 1/600 ~ 1/800。唐氏综合征患者智力低下，且常常合并心脏畸形、唇腭裂等，给家庭和社会都会造成不小的负担。目前常规的产前检查项目在预防唐氏综合征方面，主要以抽血检测"唐氏筛查"为主。对于结果异常或存在其他高危因素的孕妇再进一步进行"羊水穿刺"。然而，唐氏筛查的准确率只有 60% ~ 70%，这意味着即便做了规范的产前检查，依然有很多患有唐氏综合征的胎儿不会被检出，以至于孕中晚期胎死宫内，或者最终生出有缺陷的孩子来。"羊水穿刺"虽然准确率高，但也存在感染、羊水泄漏，甚至诱发流产等风险。

　　能不能直接用 CRISPR 敲掉唐氏综合征患者那条"多余"的 21 号染色体呢？

　　为了验证这个想法，左博士找来了唐氏综合征患者的细胞，将它们养在培养皿里。他将自己设计的敲除 21 号染色体的 CRISPR 系统转入这些细胞中，果不其然，经过一段时间的培养和筛选后，这些细胞的 21 号染色体数量逐渐恢复了正常。

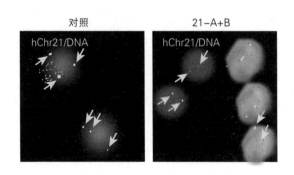

CRISPR 系统作用于人类唐氏综合征细胞实验

　　在体外培养的人类唐氏综合征细胞（对照）中，所有细胞都是三个 21 号染色体（箭头标记），经过染色体敲除后，大部分细胞都只剩下了两个 21 号染色体（21-A+B）。

　　更妙的是，左博士所设计的染色体敲除系统不但高效便捷，而且"短小精悍"，可以包装到诸如腺相关病毒（AAV）之类的病毒递送系统里。病毒就是自然界天然的"基因快递小哥"，可以把基因投送到动物的细胞内。因此理论上，这套CRISPR染色体敲除系统完全可以用来纠正已经出生的唐氏综合征患儿的21号染色体数量。目前，左博士所在的杨辉实验室就正在全力以赴，攻克治疗唐氏综合征的难关。

不过理论设想虽如此，前方的道路依然充满了艰辛，还有很多困难亟待解决。之前的Y染色体在动物体内独一无二，下狠手去敲就是了。但唐氏综合征患者的三条21号染色体长得基本一样，用力过猛就可能矫枉过正，把三条21号染色体都敲除。

左博士和同事们（也包括我）正试图解决这个"特异性"的问题。人体内的两组染色体一组来自父亲，一组来自母亲。正常情况下，父母的基因是有一定差别的。因此，分别来自父母的两条21号染色体也应该有一定的差别。我们正是从这点着手，试图设计出能够专门针对某一条21号染色体的敲除方案。

说实在的，这是我加入到杨辉实验室以来所见过的最"难产"的论文——不但科研本身几乎就是整个团队在燃烧生命，后期历时一年半有余的投稿过程更是一言难尽。最终，这项凝聚着无数人期盼的工作也没有发到大家心仪的期刊上，那种失望之情至今记忆尤深。然而后来，这项研究受到媒体关注后，有一些唐氏综合征患儿的家长给课题组发来邮件，说这项研究又让他们重新燃起了希望。我们突然感受到了这一切的意义。

　　人生能有多少回奋斗，有幸能用辛劳让世界变得更好一点点，为那么一小群人点燃微薄的希望，我觉得一切都值得。

第十一章

修修补补，动物器官一样用?

把动物器官移植给人类的想法由来已久。据说，在人类第一例心脏移植手术的尝试中，主刀医生甚至准备了几只黑猩猩作为"备用心脏供体"。不过动物器官和人体就像是型号不匹配的两套零件，没那么容易移植。

二十世纪六十年代，美国医生基斯·瑞茨玛（Keith Reemtsma）迈出了将动物器官移植给人类的第一步。他认为，类似人类的灵长类动物是最合理的器官供体，为此他多次试图将黑猩猩的肾脏移植给人，这些尝试理所当然全都失败了。不过这件以现在眼光一看就觉得不靠谱的事还是启发了另一位名叫詹姆斯·哈迪（James Hardy）的外科医生，后者于 1964 年人类历史上第一次心脏移植手术中买了几只黑猩猩作为"备用心脏供体"，但这场手术也是遭到了惨烈的失败——病人年龄太大以至于很快就死在了手术台上，而黑猩猩的心脏也被证明体积太小不足以给人使用……那真是一段不把人命当回事的疯狂岁月啊。

当然，现在我们知道动物的器官是不可能直接给人用的，通俗点儿说，两者根本就不配套嘛。不过对科学家来说，将不可能变成可能本就是他们的天职，那么要想把动物的器官给人用，需要怎么做呢？

自然是用尽一切办法，尽量让动物的器官与人的器官得以相容，但这事操作起来困难重重，科学家耗费了数十年的心血，依然任重道远。

毫无疑问，拦在异种器官移植面前的第一只拦路虎就是免疫排斥。像人类这种免疫系统高度发达的物种，体内的免疫细胞每时每刻都在警惕着一切外来入侵者。那么，免疫系统如何辨别对方是敌是友呢？打个简单的比方，就是看脸。

在胚胎发育到某个阶段的时候，身体会对刚形成的免疫系统来一次"大审查"，把自己体内每一种蛋白质给大部分免疫细胞都过一遍，差不多就是告诉免疫系统，长这样的就是自己

基斯·瑞茨玛（左图）和詹姆斯·哈迪（右图）

人，不许下手。要是哪个免疫细胞不知好歹，居然对自己人动手动脚，都会被揪出来淘汰掉。

　　经过这么一轮考核，免疫细胞们的觉悟就上去了，一直忠实履行着它们的职责，对碰到的一切都要检查一下：看到细胞表面的蛋白质都见过，即熟面孔，便会放行；要是遇到没见过的蛋白质，是生面孔，那多半不是外来病原体就是自家细胞中出的叛徒，统统干掉，没有二话。

　　因此，科学家要想把动物器官安到人身上，首先无外乎要做两件事：一是尽量让免疫系统别那么尽忠职守，在关键时刻可以网开一面；二是设法让动物的器官和细胞在人类免疫系统眼中显得比较像自己人。

其中第一件事还算好办，各种免疫抑制猛药轮番上阵，多少总能压下来。但第二件可就是十足的麻烦事了。就像是要把人整容成面貌迥异的另一个人，一步到位显然不太可能，只能分几步一点点来。首先得挑差异最大的点入手，比如我们平时见的自己人都是黑眼睛、黑头发、黄皮肤，突然来了个金发碧眼的人，那再怎么脸盲也知道不是自家的呀。同样，细胞表面也有一些蛋白质在免疫系统眼中有着显著的辨识特征，比如GLA、GGTA1之类的，必须是首先开刀的对象。

以现代的遗传工程以及基因编辑技术来说，修改若干个蛋白质毫无难度。但在这事上却犯了难，因为作为供体的动物器官来源相对充足，作为受体的人却是万万没法儿提供的。在不知道一个器官是否安全的情况下，是无法将其移植给人类的，但是不实践，又永远无法知道其是否安全。

因此，虽然科学家自二十世纪九十年代开始就已经有相关研究，甚至连用来提供器官的基因修饰猪也设计了不少，但这一切终究都是纸上谈兵。一些科学家试图"曲线救国"，比如将这些猪的细胞提取出来，和人类的免疫细胞养在一块，看看人类的免疫细胞会不会对其进行攻击。不过，这类实验毕竟缺乏说服力，免疫细胞不攻击的原因有无数种，通过体外实验得到的结果总是无法彻底排除其他的可能性。

万般无奈之下，在二十一世纪初，科学家们只得采用一种退而求其次的动物实验，用狒狒代替人类作为器官受体。

2005 年，有一些科学家设法去除了猪细胞表面一个非常重要的免疫识别蛋白，并以这样的猪作为器官供体，同时让几只免疫系统被药物抑制的狒狒作为受体，尝试了人类史上第一次借助于遗传工程的异种心脏移植。

结果，这些心脏在自己新主人体内平均存活九十二天，最命硬的活了一百七十九天。

同年，另一批科学家则在猪细胞表面人为添加了一个属于人类的免疫识别蛋白，但是这种猪的心脏也没好到哪儿去，移植到免疫抑制的狒狒体内后平均存活九十六天，最长天数为一百三十七天。

科学家们没有死心，五年后，又有一批科学家结合了上面两种思路，去除一种猪免疫识别蛋白的同时加入了一种人免疫识别蛋白，并将这种基因修饰猪的肾脏移植给免疫抑制的狒狒。但是结果惨烈，仅仅过了十几天，不仅肾脏没活下来，连作为受体的狒狒也死得一个不剩。

屡败屡战，两年后又有科学家试了一次，而且这一次还用上了更猛的手法，几乎摧毁了狒狒全部的免疫力。但是奇迹依旧没有发生，移植的猪心脏平均存活了九十四天，唯一还算欣慰的是，狒狒全都没死，而且器官存活的纪录也刷新到了两百三十六天。

这类实验在之后又尝试了几次，不过从结果上来说全是单曲循环。十几年来，科学家的成绩一直在原地踏步。

不过，这也不能全怪科学家，因为异种器官移植实在是太难了。就目前所知，与免疫排斥相关的识别蛋白，单是被认为最关键的就有四五个，而不那么关键但也不容忽视的更是恒河沙数，靠遗传工程技术对个别蛋白的修修改改基本属于杯水车薪。

免疫排斥这一关已经如此艰难，但异种器官移植所面对的困难还远不止这一项。注意，上面所列的数据还只是器官"存活"的时间，至于这些器官有没有发挥功能，还不属于科学家开始考虑的问题。那么，科学家有没有注意些别的什么问题呢？有，人畜共患病。

按照《枪炮、病菌与钢铁》一书的说法，人类几乎所有恶性传染病都来自动物，其中绝大多数又源自人类饲养的家畜。在这方面，猪也不遑多让，猪流感、猪丹毒、乙型脑炎等都是拜猪所赐。猪由于体形与人类相似，一直都是器官供体的最佳选项，可是像器官移植这么"亲密"的接触，实在让人有理由担心，这会把猪身上的疾病带给人。要是真的因此造成什么传染病大暴发，那要承受风险的可就远不止手术室里的病人和医护人员了。

现在，人们已经知道非人灵长类并不是合适的器官供体，一方面是因为非人灵长类很难做基因修饰，而且非人灵长类还可能携带诸如 B 病毒及艾滋病等高危人畜共患病。相比而言，猪在各方面都有优势，猪的体形和人类相似，容易进行各种基因修饰和胚胎操作，而且猪的人畜共患病比非人灵长类稍微温和一些，当然这并不意味着这层问题就不必解决。

如果这些疾病来自外源性的病原体还好办，大不了把猪祖宗十八代都养到无菌房里，反正这种救命的差事成本都好商量。但是还有一类潜在致病因素就不太好办了，那便是内源性病毒。

病毒这种东西感染宿主以后会把自己的基因整合到宿主体内。大多数情况下，被病毒感染的细胞会病变，然后被免疫细胞诛杀，连同细胞内的病毒一起被清除掉。但是，在一些偶然情况下，病毒基因会深入地整合到宿主本身的基因组内，最终形成一种稳定的和平状态，病毒基本不再让受感染的细胞病变，免疫细胞也会就此放过这些病毒。

　　而在一些极端的情况下，病毒的基因进入了生殖细胞，也就是卵子或者精子当中，于是这些病毒就会借助于宿主的繁殖而把自己的基因也一代代传下去。这种事实上已经成为宿主基因一部分的病毒，就是所谓的内源性病毒。

　　一般来说，内源性病毒不会对宿主造成伤害，否则夹带着病毒基因的个体迟早会在演化的力量下惨遭淘汰。甚至有时候病毒为了让自己的基因能更广泛地传播，还会反过来帮助宿主获得更强的适应性，在这种状态下，内源性病毒和宿主的关系就几乎是互利共生了。比如，哺乳动物在怀孕期间，阻止自身免疫系统攻击胎儿就有内源性病毒基因的一份功劳。地球上几乎每一种生物体内都有许多内源性病毒，而不同的物种所携带的内源性病毒也并不相同。因此，人们也有理由怀疑，一种本来只存在于猪体内的内源性病毒如果转移到人身上，它还会是原来的"守法公民"吗？

　　病毒毕竟是病毒，就算金盆洗手了，也难免还保留着一些"江湖痞气"。比如，大部分内源性病毒都会给自己的基因留下大量副本，这本是一种逃避宿主免疫系统追杀和基因修复的手段，但给异种器官移植带来了无穷的麻烦。

　　如果要清除内源性病毒，就得一次性清除掉病毒的所有副本，这些副本就像是一个个"魂器"，让病毒成了杀不死的伏地魔，只要有一条漏网之鱼便会前功尽弃，而传统的遗传工程技术却很难除恶务尽。

不过，好在随着以 CRISPR–Cas9 为代表的新一代基因编辑技术的问世，这个问题迎来了转机。2015 年，一支来自哈佛大学的团队成功利用 CRISPR–Cas9 技术彻底扫清了一种名叫 PERVs 的猪内源性病毒。如今，这支团队已经成立了一家公司，专攻猪器官移植的问题，希望可以取得新的突破。

迄今为止，人类在此领域所取得的一切成果，距离异种器官移植最终的胜利还有极为漫长的路要走。猪内源性病毒的种类众多，其中许多连 CRISPR–Cas9 技术都难以降伏，更何况在免疫排斥以及器官功能方面，人类还挣扎在近乎绝望的境地中。

更绝望的是，即便科学家最终能克服九九八十一难，在技术上修成正果，但还是要面对伦理和行业规范等重重险关。事实上，在与异种器官移植类似，但技术上简单得多的领域，比如将猪的白蛋白或者眼角膜供应给人，技术上都已经快要接近实际应用了，然而考虑到伦理问题，加之各国政府迟迟不肯公布具有可操作性的行业标准，这些技术至今依然被关在实验室里，无法踏出最关键的一步。

不出意外，短期内应该是看不到动物的器官移植给人了，甚至这个技术本身前景如何，我们也难以预料。然而，就像是运动员一次次打破世界纪录，一次次突破极限，带给了人们希望，也推动着历史的车轮向前转动。对服务于人类这个整体的科学家来说，这或许也算是最大的意义了吧。

第十二章　基因编辑与脱靶逸事

　　在 2004 年雅典奥运会男子五十米步枪三姿决赛中，美国选手埃蒙斯遥遥领先，到了要打最后一枪的时候，他已然遥遥领先第二名整整三环。胜券在握的他屏息凝神开了这一枪，又一次把子弹准确送到了差不多是靶心的位置，然而他的记分牌上却显示出一个匪夷所思的成绩：零环。

　　原来埃蒙斯犯了一个莫名其妙的错误——他最后一枪打在了别人的靶子上。

　　奥运会的顶尖选手如此，生命科学的顶尖技术亦是如此。

　　近年来很火的技术基因编辑就有这个问题。尽管以 CRISPR–

Cas9等为代表的新一代基因编辑以精确著称，但它们时不时就会犯这种"打到别人靶子上"的毛病——我们本来要让它去编辑A基因，但它却意外搞坏了B基因。

基因编辑的脱靶和奥运选手的脱靶一样，都是极小概率的事件。但每一次基因编辑操作，本质上都是成千上万的基因编辑工具对着成千上万的细胞做了成千上万次编辑，焉能保证次次不失手呢？

奥运选手脱靶最多丢块金牌，基因编辑脱靶了，丢的没准儿就是性命了。然而基因编辑技术宛如一辆势不可当的战车，正以雷霆万钧之势向着临床领域疾驰而来。

然而这历史的车轮真的不能阻挡吗？又该不该阻挡一下呢？

查明脱靶率可没那么容易。还是拿奥运会打个比方吧，虽然奥运选手脱靶是个小概率事件，但是只要观察的次数足够多，就能够统计出他平均中靶多少次会出现一次脱靶，这个就叫作"脱靶率"。

知道了脱靶率，我们才能制定一个标准。比如规定平均一万枪内不能出现超过一次脱靶，有人脱靶率是千分之一，那便是不合格；有人脱靶率千万分之一，那便合格了。

然而颇显尴尬的是，这么多年来，无论是支持基因编辑脱靶还是反对基因编辑脱靶，大家很大程度上都只凭着一种"信仰"，却从来没有人真正弄清过基因编辑的脱靶率到底是多少。

这是因为，基因编辑的脱靶率真的太难检测了。

射击运动员的脱靶率可以直接"数"出来，基因编辑的脱靶率该怎样计算呢？也许有人会说，这很简单呀，把一批样本分成两组，一组做基因编辑，一组不做，然后比对一下两组的基因差异不就成了吗？

2017 年，亚历山大·G. 巴斯苏克（Alexander G.Bassuk）等几位科学家还真就这么干了，他们用 CRISPR-Cas9 技术编辑了几只小鼠的受精卵，等这些受精卵发育成小鼠出生后检测了它们的基因，并将其与同一品系的其他小鼠做对比，结果居然发现了"一千多处难以预料的基因突变"。这篇论文一经发表，就在生命科学圈里掀起了一场"地震"，据说当天就让基因编辑领域两大泰斗张锋和詹妮弗·杜德娜的公司股价暴跌。

那时候，CRISPR-Cas9 正在朝着医疗领域大踏步前进。医疗技术最重要的是什么？安全！治不好人大不了不用，治出问题来那就出大事了。学界一直认为 CRISPR-Cas9 是一种极其精确且安全的基因编辑技术，能够高效可控地改变生物的基因。这篇文章的横空出世，几乎要彻底葬送这个有着数万亿美元产值的朝阳产业。

　　而当时我作为这个领域的从业者，立刻在第一时间看了这篇文章，感到十分震惊。倒不是因为它的结论，而是这项研究实在是做得太不像话了。

　　其实，对于这个结论我们一开始就是拒绝的，毕竟2017年已经是CRISPR-Cas9开始大规模应用的第五个年头，同时也是我读研的第五个年头了，全世界已经有成千上万的实验室做了成千上万的研究了，这得多么粗心才能集体疏忽这么多基因突变啊！

　　然后再看研究的内容，整个实验室的人瞬间崩溃了。

　　这些人干了个什么事呢？简单来说，他们用CRISPR-Cas9技术编辑了两只小鼠的基因，然后把这两只小鼠和一只"近交系"的小鼠比对了一下基因，结果发现除了CRISPR-Cas9靶向的位点以外还有一千多处基因的差异，于是得出结论，CRISPR-Cas9会导致意料之外的基因突变。

　　乍一看好像没什么问题嘛，但实际上问题大了！要理解问题在哪儿，首先要明白什么叫小鼠近交系。我们都知道，大多数情况下，人类和自己父母及兄弟姐妹的基因比较接近。那么人和人的基因还能更相似一些吗？可以，比如兄弟姐妹之间近亲结婚，生下的小孩之间的基因就会更加相似。

　　而人类对小鼠做的事情更加夸张一些，有些小鼠家庭被连续近亲繁殖了十几代，那么这些小鼠家族的基因就会非常相似，这样的小鼠家族就叫"小鼠近交系"。不过，即便是近交系内部的小鼠，彼此间的基因还是有那么一点点差别的，更何况每代小鼠多多少少会出现一些新的基因突变。

　　而这篇论文最大的问题就是：它完全没考虑小鼠之间本来就有的基因差异，把所有凡是能找到的基因上不同的地方，通通归咎于 CRISPR-Cas9 导致的基因突变。

　　我从未想过有生之年竟然能看到犯这种低级错误的研究。眼看场面快控制不住了，世界各国科研人员给《自然－方法》寄的批驳信简直堪比哈利·波特的录取通知书。为此《自然－方法》前前后后发了好几篇编辑评论，就直接附在原文后面，反复说明这篇文章的结论有问题。

　　为什么要这样呢？因为按照学术界的惯例，只有一篇文章所有主要作者都同意撤稿的情况下才能被撤稿。编辑做到这份儿上意思很明显了，就是劝作者们主动撤稿嘛，大家都留个面子。然而万万没想到这次遇上了个钉子户——半年多里，巴斯苏克等几位通讯作者就是不同意撤稿。

　　2018 年 3 月 30 日，《自然－方法》终于打破了学术界的惯例，单方面决定在通讯作者全都不同意的情况下，强行撤掉了这篇论文。

不过这事还没完，学术界还有一个问题没满意，这么离谱的文章，当初是怎么被《自然－方法》接收的呢？撤稿声明的大概意思就是，这篇文章当初也是有同行评议的，只是那些评议人刚好都不太懂小鼠近交系。

但有一个人肯定不太开心，他就是来自中国科学院神经科学研究所杨辉实验室的博士后左二伟。最早那篇不靠谱的文章出来时，他便想用非常严谨的科学方法重做一下论文的工作，然后得出否定的结论反驳它。

做着做着，他就发现这个"非常严谨的科学方法"其实并不简单。更惨的是，他的工作铺开没多久，巴斯苏克的论文就被撤稿了。

一念之间的历史走向

经过与导师的讨论，一个可以精准检测脱靶的方案还真的慢慢成型了。然而正是在左二伟"顺便"研究脱靶问题的这段时间里，基因编辑临床化的脚步却在日益加快。

2018年1月，美国批准了宾州大学一项利用CRISPR–Cas9修复免疫缺陷的临床试验。

2018 年 8 月，欧洲多个国家批准了张锋的 CRISPR Therapeutics 公司用 CRISPR–Cas9 治疗 β 地中海贫血症的临床试验。

2018 年 11 月，某医院的基于基因编辑 T 细胞治疗癌症的临床试验申请也被通过。

张锋和刘如谦等人也极大地加快了基因编辑临床化的速度。

毕竟谁能第一个取得临床化基因编辑的突破，谁就能率先霸占一个医疗的制高点，其中的诱惑真的太大了。乃至一时之间万马奔腾，有些人似乎已经不在乎这其实还是一项风险未知的技术了。

突然之间，左二伟乃至整个杨辉实验室都好像无意中站在了历史的节点上，这个随手做做的课题突然变得有可能决定这个领域的历史走向——

检测结果如果证明基因编辑不易脱靶当然皆大欢喜，但如果证明它容易脱靶呢？且不说杨辉自己实验室里那些涉及基因编辑向临床转化的课题将面临考验，还可能由此在行业内掀起一场"地震"。

最终，左二伟在与导师杨辉以及所长蒲慕明等人商议后，大家还是决定继续做下去。

检测脱靶，阻碍重重

阻碍检测脱靶率的，除了"个体差异"外，还有另一个障碍。

什么障碍呢？我们继续用射击做比方：能得分的目标靶子通常是唯一的，而目标外的"别人家的靶子"可就是千千万万各有不同了。想象一下，如果随便撒一把 CRISPR-Cas9 去编辑十万个细胞的基因，假设每个都脱靶，且这些脱靶都是随机产生的，那么这十万个细胞最多就会有十万种脱靶，每一种脱靶形式只占了所有样本的十万分之一，这种微乎其微的异常几乎不可能被检测出来。

因此，脱靶检测需要依赖所谓的"单细胞测序"，通俗来说，就是实验组和对照组都只有一个细胞。这样的对比当然就能很容易发现差别，但是很显然，一个细胞那一丁点儿 DNA 是根本不够拿来检测的。为了解决这个矛盾，就要用到"体外扩增"技术，把那一丁点儿 DNA 样本复制成千上万份，直到数量满足检测所需为止。

但是，人类发明的任何体外扩增体系都是不完美的，无法做到 100% 精确拷贝最初的 DNA 样本，每一次复制都会带入一丁点儿错误。就像复印文稿总比原稿品质差一些一样，经过千万次复制再复制，就足以让这份DNA样本变得面目全非，干扰检测结果。

多次下载图片再重新上传也会导致图片文件出现明显的"劣化"。

这一切引入的"噪声"甚至比脱靶信号本身还要高出好几个数量级，这宛如是在汪洋大海中寻找一滴水一般。

一举三得该如何实现？

找到这滴水的唯一办法就是让大海（各种干扰因素）消失。左二伟与杨辉还真的想到了一种绝妙的方式，同时解决了这三个问题。

为了避免个体差异，需要找到两个基因一模一样的细胞。为了凸显脱靶的信号，需要用到"单细胞测序"，并且不能用体外扩增来复制这两个细胞的DNA，却又需要大量的DNA样本来做测序分析。

首先，最容易解决的就是找两个基因完全一样的细胞。我们知道，多数动物都是从一个受精卵发育而来的，这个受精卵一分为二，二分为四……在它一分为二的时候，我们称之为"二细胞期胚胎"阶段，只要向其中一个注射基因编辑工具，另一个就是世界上最佳的对照。

其次，既然一个细胞的DNA不够检测，就直接把这个二细胞期胚胎植入母鼠的子宫当中，让它正常发育，这样得到的小鼠胚胎中，理论上就有一半细胞经历过基因编辑，另一半则没有经历过。

这时候，左二伟直接将发育长大的小鼠胚胎取出来，用一些特殊的酶消化成一大堆分散的细胞。利用一些方法，可以追踪当时那两个细胞的后代，从这一堆细胞中将它们俩各自的后代分成两拨。由于这两拨细胞也是之前的细胞分裂而来，所以它们的基因就相当于是最初那个细胞的复制品。

这也顺便解决了第三个问题，裂解掉这一大堆足以构建出半个小鼠胚胎的巨量细胞，一次性就能提取到足够测序分析的DNA，从而避免了体外扩增带来的"噪声"。

在蒲慕明的建议下，研究团队将这套系统命名为GOTI。可以说，这套系统的推出标志着人们终于得以用数字来衡量基因编辑的脱靶率。

GOTI的技术流程：在二细胞期胚胎向一个卵裂球注射基因编辑工具，并用CRE①使之本身以及后代细胞都发出红色荧光。等小鼠胚胎发育到十四点五天后取出母体，利用流式细胞

---

① CRE：一种基因工程中的常用元件，用来让特定基因在需要的时候表达。

仪将两个卵裂球的后代细胞分成两堆，然后将两堆细胞中包含的全部 DNA 提取出来用于做测序分析。

哪种基因编辑易脱靶？我们挨个测一下。

终于到了检测工具一显身手的时候。它接下来要帮助人们回答的关键问题就是：那些常见的基因编辑工具真的会脱靶吗？利用 GOTI 技术，一切清晰了起来。

首先，值得庆幸的是，最经典的 SpCas9 系统经受住了考验。结果显示，它引起异常基因突变的可能性不高于小鼠自身细胞分裂带来的本底基因突变[①]。就是说，从目前的检测结果来看它是安全的。

与此同时最令人大跌眼镜的发现是，另一类叫作单碱基突变系统（Base Editor）的基因编辑工具有着异常高的脱靶率。所谓的单碱基突变系统，大致上可以理解为我们先设计一个只能精确靶向但不会切割 DNA 的 Cas9 蛋白，然后让这个 Cas9 蛋白牵着一个能够通过化学方法将某个碱基定向突变（如 A → T）的酶来给 DNA 链中引入点突变。

原本这套系统因为不会引入 DNA 断裂，被视为特别安全

---

① 本底基因突变：任何生物每次细胞分裂都有微小的概率基因突变，即为本底基因突变。

的一类基因编辑技术，人们从来不觉得它会脱靶，之前的脱靶检测也完全没有发现它有任何脱靶的迹象。因此，以刘如谦等为代表的一群科学家长期致力于将这项技术作为基因编辑向临床进军的急先锋。

通过检测发现，经典的 CRISPR–Cas9 并没有显著的脱靶现象，但是单碱基编辑系统 BE3 则出现了高出背景基因突变水平数倍的脱靶现象。

这时候研究团队才突然意识到，就算 Cas9 没有在 sgRNA 带领下跟任何 DNA 序列结合，那个能够引起碱基定向改变的酶也依旧存在，它完全可以像任何在细胞里游离的酶一样，让任何偶然接触自己的碱基发生化学反应。这样的系统天然就有高脱靶率，可能之前大家对"没有 DNA 链断裂就没有脱靶"形成了思维定式，才会忽视这一安全漏洞。

长久以来，因为缺少令所有人都信服的脱靶检测技术，基因编辑的脱靶问题争议不休，也让这个领域在此期间一直处于野蛮生长的状态。

如今，GOTI 出现了，规则还会远吗？

第十三章　生物的染色体数目为什么不一样？

　　这个世纪之谜终于迈出了破解的第一步。

　　"染色体"这个概念，大家多多少少应该都听过。诸如动物、植物和真菌之类拥有复杂细胞结构的生物（也就是真核生物），它们的遗传物质——DNA 就存在于这种叫作染色体的结构上。

　　不同的真核生物所拥有的染色体数量可谓天差地别，比如，人类拥有二十三对染色体，我们做实验用的小白鼠有二十对染色体，狗则有三十九对染色体。

　　可你是否想过，生物的染色体数目为什么不一样呢？

一般来说，表述越是简单的问题就越能触及知识的本质。然而就像是最优美简洁的公式背后往往蕴含着最高深的智慧，染色体的数量问题，自染色体被发现以来就是生命科学领域的最大谜团之一。

首先，染色体的数量和生物的复杂程度无关，单细胞的酿酒酵母拥有十六条染色体，澳大利亚有一种斗牛犬蚁（Myrmecia pilosula）的雄蚁却只有一条染色体，而一种小型蕨类植物瓶尔小草（Ophioglossum reticulatum）的染色体数量则高达一千两百六十条。其次，染色体的数量和基因量也没有关系，比如，裂殖酵母和酿酒酵母的基因量差不多，生活方式也基本类似，但是裂殖酵母却只有三条染色体。最后，染色体的数量在演化过程中也经常改变，比如，我们人类最近的近亲黑猩猩就比我们多一对染色体。

生物染色体数量竟能如此"狂放不羁"，以至于人们一切总结归纳的努力都显得很徒劳。既然我们无法从观察中解决问题，能不能通过实验来解决呢？也不行，因为长久以来科学家甚至连解决这个问题的第一步都无法迈出——以往的研究手段根本无法实现在改变某种生物的染色体数量的同时保持基因数量不变。

可以说，人们对于染色体数量这么个简单问题，数十年来总是一筹莫展。假说提了一大堆，有些甚至写进了教科书里，但于实际操作毫无用处。

不过终于有人把这重要的第一步给迈了出去。

2018 年 8 月 2 日，国际顶尖的科学期刊《自然》同时上线了两篇重量级论文，一篇来自纽约大学系统遗传学研究所的杰夫·布克（Jef Boeke）团队，他们成功将酿酒酵母的十六条染色体彼此"融合"，缩减到两条染色体。而另一篇出自中国科学院上海生命科学研究院植物生理生态研究所的覃重军等实验室的论文则更进一步，将酿酒酵母的全部十六条染色体融合成了一条染色体。

其实他们采用的方法在原理上很好理解，整个过程就像是个染色体"接龙"——先去除两条染色体两端的端粒（相当于摘掉染色体两端的保护套）和其中一个染色体中央的着丝粒部分（否则融合出来的新染色体会有两个着丝粒就很不稳定），再在两端放入一个可以介导染色体彼此连接的同源序列（作用相当于一个彼此匹配的接口），然后两条染色体就有一定的概率融合成一条。可以配合下图想象一下这个过程。

虽然听起来好像没什么大不了的，但这种事放在几年前都无法想象。不过所幸借助于 CRISPR–Cas9 等最新的基因编辑

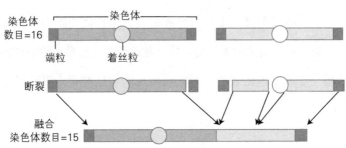

染色体融合过程

注：染色体融合的原理大致相当于把两根电线的保护端剥开，
　　各自加上一个可以互相匹配的接头，再连接在一起。

技术，这种方案在今天终于可能实现了。尽管如此，它依旧是个非常艰辛的工作。

覃重军教授的学生，论文的第一作者邵洋洋耗费了四年时光，做了大量的尝试才完成全部十五轮染色体融合，构建出一株只有一条染色体的酵母菌株。而杰夫·布克团队所付出的努力想必也不会少，却最终也没有将最后的两条染色体融合在一起。

突破染色体融合的难关后，覃重军的研究团队又对此进行了非常深入的探究。他们发现，将酿酒酵母的十六条染色体融合成一条以后，原来染色体上的那些基因表达却并没有受什么影响，酵母的形态功能各方面，除了减数分裂略有异常外，全部都正常如初。

他们通过更进一步的研究还发现，染色体的融合强烈改变了染色质[①]的大尺度结构。传统理论认为，大尺度的染色质结构会影响基因的表达，而这项研究表明这种理论很可能是错的。

[①] 染色质：狭义上的染色体只有在细胞分裂时才会短暂出现，那是一种 DNA 的浓缩状态（DNA.rar），在大部分时候，细胞内的 DNA 以一种松散的形态存在（DNA.exe），这种状态称为染色质。

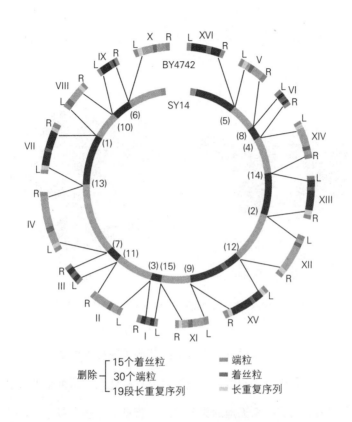

覃重军构建的全融合酿酒酵母染色体，
这个巨大染色体的不同区段分别对应原有的十六条染色体

　　下图 A 为野生型的酿酒酵母（十六条染色体）的染色质
的空间结构，下图 B 是这十六条染色体合体之后的染色质形
态。图中灰色小球代表端粒，蓝色小球代表着丝粒，同样的
颜色片段为互相对应的染色体片段。可以看出，染色体融合

导致大尺度的结构变化，但是局部的染色质形态则基本保持不变。

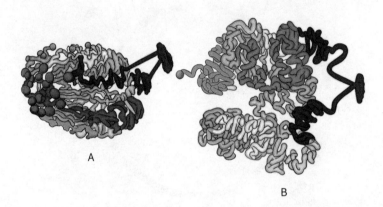

野生型的酿酒酵母染色质与融合后的酿酒酵母染色质

　　这个工作可以说将生命科学的某些领域推进到了一个全新的境界，我们无法知道这个境界里究竟有什么。覃重军等科学家作为进入这一新天地的先驱，已经瞥见了一些宝藏，却也带来了更多的未知——

　　染色体的长度真的没有任何限制吗？如果大尺度的染色质结构没有意义，那为什么几乎所有生物的染色质都会在大尺度上表现出一些有序的结构？既然一条染色体已经够用，为什么绝大多数真核生物都会选择保留复数条染色体？杰夫·布克还发现，当酿酒酵母的染色体数融合成八条的时候突然就和普通的酵母产生了生殖隔离，这又是什么原因？

无限的问题、无限的可能在等待科学家们一个个去解读，或许不久之后又会得出新的惊诧世人的成果。这染色体的数量之谜会不会像当年物理学界的两朵"小乌云"那样，在拨云见日之际展现出一个惊艳的新世界来呢？想来还真是令人心潮澎湃呢！

⋙ 第十四章　绿色荧光蛋白的前世今生

　　前面为大家介绍了一众科技史上熠熠生辉的巨星，然而在这星光闪耀之下，也必然有那么几个倒霉蛋，以自己的血肉之躯化作了别人的垫脚石。

　　故事还要从美国西北的海岸说起，每年夏天这里就会出现许多水晶水母。当这些水母受到惊吓的时候，它们就会发出一圈淡淡的绿色荧光。

　　这些迷人的水母引起了一位科学家的注意，他叫下村修（Osamu Shimomura）。

　　水母为什么会发光呢？

从二十世纪六十年代开始，下村修每年夏天都会驱车跨越整个美国来此捞水晶水母。

经过多年努力，下村修终于从几万只水母体内提炼出了几种关键的发光蛋白，其中一种叫作"绿色荧光蛋白"，正是这种蛋白质让水母发出了幽幽的绿光。

> 注：水晶水母中绿色荧光蛋白需要被一种叫作"水母素"的物质发出的蓝色荧光激发，下村修当时主要感兴趣的对象是水母素，水母素后来也是科学研究中的重要工具。

他发现这是一种在生物中罕见的可以独立发光的蛋白质，只可惜碍于当时的技术条件，下村修在研究透这个蛋白质的理化性质后便只得将其束之高阁。那时的他还不知道，他所发现的这个蛋白质将会在几十年后带来一场轰轰烈烈的生命科学革命。

你或许想不到，这篇文章的主角并不是下村修，而是十多年后第一个站出来用绿色荧光蛋白敲击新时代大门的道格拉斯·普瑞舍（Douglas Prasher）。

从二十世纪八十年代开始，基因工程逐渐在生命科学领域崭露头角，而普瑞舍率先嗅到了绿色荧光蛋白在这轮风口中的强大潜能，他想到如果通过一些技术手段把绿色荧光蛋白"拴"在细胞内的其他蛋白质上，就相当于给这些蛋白质打上了正道的光，从此这个蛋白质在细胞内的一举一动都将无所遁形，而这将成为人类史上第一种精确观测蛋白质活动的技术。

然而普瑞舍这个人性格内向，不善言辞，申请科研经费之路可谓处处碰壁。

一直到 1988 年，他总算好不容易从美国癌症协会那里申请到了二十万美元科研经费，这才得以放手一搏。

要实现普瑞舍用绿色荧光蛋白修饰蛋白质的目标，第一步就是找到编码绿色荧光蛋白的基因。

在二十世纪八十年代，分子生物学尚处于萌芽阶段，实验的一切操作不但费时费力，而且大都极其昂贵。

普瑞舍要寻找绿色荧光蛋白的基因，唯一的办法就是向下村修学习——去美国西海岸拼命抓水母。

当时的普瑞舍没有终身教职，身边并没有多少学生助手，许多操作都得亲力亲为。但即便如此，他还是在解剖了大量的水晶水母后，提取出了其中编码绿色荧光蛋白的基因。

从事后诸葛亮的角度来看，他的工作意义重大，因为在那之后不久，美国西海岸的水晶水母不知为何数量锐减，如果没有他及时提取其荧光蛋白基因，人类或许会在之后很长时间里都和这生命科学史上最重要的工具之一失之交臂。

　　但是到这一步，普瑞舍的体力和意志都已经濒临极限。

　　没有终身教职的他收入微薄，工作繁重，但是把绿色荧光蛋白"拴"在其他蛋白质上的目标却又是那么遥不可及。

　　更棘手的是，他那二十万美元的研究经费就快见底了。

　　最终在1991年，普瑞舍那二十万美元的科研经费见了底，而他无论是申请更多经费还是申请终身教职均以失败告终，不得不彻底放弃对绿色荧光蛋白的研究。

　　不过他在离开前，将他这些年的科研经历写成了一篇论文，这篇论文被后人称为史上最悲壮论文，然而他的工作却早已成功引起了两位大科学家的注意。

　　马丁·查尔菲（Martin Chalfie）和钱永健先后写信向普瑞舍求借他所提取的绿色荧光蛋白基因，普瑞舍将他苦心提取的绿色荧光蛋白基因送给了他们。

　　后来，查尔菲实验室的一名研究生采用当时新发明不久的PCR技术在两年时间内迅速完成了普瑞舍未竟的事业，成功把绿色荧光蛋白表达在线虫体内。

　　我们今天所看到的这些美轮美奂的细胞图片，其中纤毫毕现的各种细胞结构基本都有绿色荧光蛋白的功劳。

　　如果说查尔菲接力普瑞舍开启了新的大门，那么钱永健则无疑是让人看清了这扇门的背后有着多么色彩斑斓的世界。他的实验室更进一步——通过一系列基因改造，将"绿色荧光蛋白"变成了"五颜六色荧光蛋白"。

从此，荧光蛋白从一种颜色变成了可以让人随心所欲的调色盘，理论上只要用多种不同色彩的荧光蛋白以不同比例互相混合，就能混出成千上万种色彩。比如，在 2007 年发明的一种叫作彩虹脑（Brainbow）的技术就借助这个思路，给脑中每一个神经元都随机染上不同的色彩，一举让脑中每一根神经纤维都清晰可辨，给神经科学研究狠狠开了一发氮气加速。

2008 年，诺贝尔化学奖被授予下村修、查尔菲与钱永健三人，以表彰他们在绿色荧光蛋白研究方面的贡献。在记者招待会上，查尔菲与钱永健都对普瑞舍当年的贡献赞不绝口，若非当年他被迫中途放弃自己的研究，今天的奖章至少得有他一半。甚至于单单考虑他已有的工作，他也妥妥是离诺贝尔奖一线之隔的"第四大功臣"。然而在这独属于荧光蛋白的时刻，我们的普瑞舍，那个本该捧起诺贝尔奖的伟大科学家却在开班车。

原来，普瑞舍放弃对绿色荧光蛋白的研究后，十几年里他几经辗转，好不容易在政府部门里谋了份差使，结果横生枝节，成了个无业游民。最后不得不去车行打工当班车司机，靠着一小时八点五美元的工资勉强为生。

好在当钱永健听说这样一个大功臣居然沦落至此的时候，将其聘请到自己的实验室继续从事科研工作。

在今天，科技已经越来越成为一种系统工程，任何突破都是无数人为之努力的结果。他们中有功成名就者，就必有功亏一篑者，成败不过一线之间，但这背后所付出的努力与智慧却未必相差太远。因此，无论是屹立顶峰的群星，还是像普瑞舍这样在黑暗中默默耕耘的无名英雄，他们同样是在为人类的科技殿堂添砖加瓦，都值得我们敬仰与铭记。

第十五章　中国科学家首创孤雄小鼠震惊世界

2018 年，两只小鼠突然成为"网红鼠"——不是因为它们太可爱了，而是这两只雄鼠"生下"了哺乳动物界第一只孤雄后代。

不了解的人大概会问：这有啥稀奇的，同性繁殖在动物界不也很常见吗？！蟑螂没有雄性也能繁殖，一些两栖动物和鱼类还能自由切换爹妈角色呢。

确实，很多动物都有同性繁殖的现象，但对于哺乳动物而言，这还真不是个简单事儿——迄今为止，没有任何哺乳动物能在自然情况下实现同性间繁殖后代的案例。

　　这样的现象让科学家们大为不解，也深感兴奋！为啥哺乳动物就这么特殊？一定要搞清楚。

　　按照流程，哺乳动物繁殖后代这件事必须经过阴阳交泰，精卵结合。可是你是否想过，为啥非得这样呢？

　　按理来说，精子和卵子都带有一半染色体，为何就不能两个精子或者两个卵子结合在一起呢？实际上，早在二十世纪七八十年代就有科学家开过这种脑洞。然而，无论是包含两套卵子染色体，还是俩精子的遗传物质都无法创造出正常的胚胎，这些胚胎在头几天还能看似正常地发育，但是发育到一定程度，就会突然"胎死腹中"。

印记基因：阻止同性生育的分子壁垒

　　2018年，一位来自南斯拉夫的科学家达沃尔·索特（Davor Solter）荣获盖尔德纳国际奖，因为他在1988年首次找到了这个问题的答案。他发现，有一种叫作"印记基因"的存在，为哺乳动物同性生育架设了高高的壁垒。

　　自然界大多数生物都是雌雄同体或是由环境决定性别，特殊情况下性别还会发生改变，但哺乳动物的性别却是非常严格地由基因决定的。更独特的是，哺乳动物的两性在抚育后代上的投入差距大到令人发指，其雄性只要投入一些不值钱的精液，而雌性却是从怀孕到哺乳全部承包。

那么，哺乳动物为什么要有这样的"壁垒"呢？还不是因为娃难带嘛。

其他动物生了娃（蛋）大多不是拍拍屁股走了，就是雌雄一起抚养孩子，但哺乳动物养育孩子的事就特别多，胚胎时期怀在肚子里要吸收营养，出生了还要继续靠吃奶来吸收营养，关键是这些营养全部由雌性一方承包，雄性在这个过程中却大多仅需要贡献一点点精子。这种巨大的育儿投入上的差异促使哺乳动物的两性采取了截然不同的繁殖策略。

对于雌性来说，生养后代无疑会大量损耗自身精力，于是便采取了"留得青山在，不怕生二胎"的策略——对卵子当中的基因动一系列的手脚，增强那些能够阻滞胚胎发育的基因，同时抑制那些能够促进胚胎发育的基因，尽力让孩子发育得相对瘦弱一些。

然而对于雄性来说，孩子反正不是自己生，自然是希望后代发育得强壮些。所以雄性也会对精子当中的基因做一系列相反的手脚，拼命去促进胚胎发育。

雌性为了抗衡雄性，就增强那些手段，让胚胎变弱；而雄性为了制衡雌性，就也做得再过一些，让胚胎变强……于是经过一亿多年这样的两性斗争，哺乳动物的卵子和精子中的基因都被矫枉过正到了极端的地步，这反而让精子和卵子的两套染色体谁也离不开谁了——因为一旦这个平衡被打破，无论偏向雌雄哪方都会导致胚胎发育严重失调。

这些在哺乳动物雌雄双方博弈中被动过手脚的基因，就像是双方分别在自己配子基因组中打上的"性别印记"，因此被称为"印记基因"。

孤雌生殖：逆天改命"辉夜姬"

不过，索特仅仅是发现了印记基因，并没有彻底弄清楚这些"印记"是怎么打上去的，也不知道如何能解开哺乳动物同性繁殖的"封印"。

于是，接下来的问题又吸引了一大群科学家前赴后继，碍于篇幅，就不一一介绍他们的贡献了，不过其中有一位科学家必须专门讲一下，他就是日本东京农业大学的河野友宏（Tomohiro Kono）教授。

河野友宏早年曾长期研究克隆技术，但成就平平。不过在此过程中，他逐渐对胚胎发育过程中印记基因的变化产生了兴趣。河野友宏发现，两性给基因打上"印记"其实是一个跨越整个性成熟过程的漫长工作。那么反推过来，当动物刚刚出生的时候，就必定有大量的印记基因还没来得及打上"性别印记"，而这时候动物体内尚未发育成熟的卵子其实正处在一个非常接近"性别中性"的状态。

由此，河野友宏有了一个大胆的想法——如果利用这种"性别中性"的卵子，是不是就能实现哺乳动物的"孤雌生殖"了呢？

不过事实证明，哺乳动物的发育还是比较复杂，不是"性别中性"了就能随意结合。经过大量的摸索，河野友宏设计出了一套"雄性化"小鼠卵子的方法。

如何"雄性化"呢？首先，河野友宏培育出了一种经过基因改造的母鼠，它们被人为删除了一个最强力的雌性印记基因和一些基因元件，使之转而表达一个强力的雄性印记基因。

他从这种"雄性化"鼠的幼鼠卵巢里取出不成熟的、还没打上太多"性别印记"的卵子 A，然后用一个去掉核的卵子 B 将其"催熟"，于是，一颗表达类似雄性印记基因的卵子就诞生了。

2004 年，他将这些"雄性化"融合卵子 AB 和普通的卵子

C 相融合，终于得到了人类历史上第一只"孤雌生殖"产生的小鼠。

　　这只创造历史的小鼠被命名为"辉夜姬"，名字出自日本小说《竹取物语》中一位诞生在竹林里的天女，恰如河野友宏的小鼠一样，没有生物学意义上的父亲。

史上第一只孤雌小鼠"辉夜姬"以及它生的孩子

　　不过被动过印记基因的胚胎在发育上极不稳定，河野友宏制作了四百五十七个"孤雌胚胎"，却只诞生了包括辉夜姬在内共两只小鼠（另一只出生后不久就被"牺牲"做检测用了）。之后的几年，河野友宏又不断改进他的方案，最终在 2007 年用一套删除两个印记基因的方案将"孤雌小鼠"的存活率提高到了 15% 左右。

　　这些孤雌小鼠虽然在理论上大大拓展了人类对于印记基因的理解，但是"雄性化"卵子需要异常烦琐的实验操作，既要制作基因改造的母鼠，又要从初生幼鼠那比针眼还小的卵巢里取卵，想想都不是个轻松活儿。那么，有没有什么更容易的办法来获得没有"印记"的卵子呢？

孤雌小鼠从此不是稀罕货

孤雄单倍体胚胎干细胞：柳暗花明又一村

说起来，这个难题的解决竟然和一种肿瘤相关。

这种肿瘤叫作卵巢畸胎瘤，它是由个别自以为受精的卵子发育成的胚胎异变而成。虽然这种胚胎长得不正常，但是里面也含有胚胎干细胞，它们被称为"孤雌胚胎干细胞"。

2011 年，奥地利科学家约瑟夫·M.彭宁格（Josef M.Penninger）与英国科学家安东·武兹（Anton Wutz）几乎同时独立发现，有一些孤雌胚胎干细胞当中的遗传物质和卵子一样保持着单倍体的状态，而且利用一些特殊的培养方法，这种单倍体的状态是可以长期保持的。这样的细胞被称为"孤雌单倍体胚胎干细胞"。

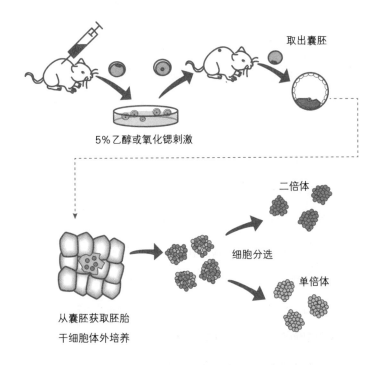

取出囊胚

5%乙醇或氧化锶刺激

二倍体

细胞分选

单倍体

从囊胚获取胚胎
干细胞体外培养

建立孤雌胚胎干细胞系的一种流程

在之后的研究中，人们发现，这些孤雌单倍体胚胎干细胞的"印记状态"和卵子几乎一模一样。但是这些"印记"会随着体外培养而逐渐丢失，最终退化到一种类似于幼鼠卵子那样

"性别微弱"的状态。

2015 年，上海生化细胞所的李劲松研究员的团队，将河野友宏方案中的"雄性化"幼鼠卵子换成了小鼠孤雌单倍体胚胎干细胞，果然也一样可以生出"辉夜姬"那样的孤雌小鼠。

眼看着小鼠的孤雌生殖技术不断进步，人们不禁要问，既然"孤雌"有了，"孤雄"哺乳动物啥时候出生呢？

双雄争孤雄

如果按照河野友宏那种操作方法，我们只能得到孤雌小鼠而不可能得到孤雄小鼠。这是因为哺乳动物雌雄配子的发育机制不太相同。雌性的卵巢其实相当于卵子仓库，刚一出生就储存着一大堆卵子，只不过这些卵子得等到性成熟以后才一个个成熟并排出。而雄性的睾丸则更接近于一个精子生产车间，只不过这个车间要等到性成熟以后才开工生产。因此，河野友宏可以取到新生雌鼠的未成熟卵子，却绝不可能得到新生雄鼠的未成熟精子。

而这个"巧妇难为无米之炊"的难题，在单倍体胚胎干细胞被发现之后才有了新的进展——当奥地利科学家彭宁格与英国科学家武兹的成果刚一公布时，李劲松的研究团队马上就想到，既然有办法让卵子直接发育产生孤雌单倍体胚胎干细胞，那么，如果把卵细胞核去掉后往里面放一颗精子，不就能拿到孤雄单倍体胚胎干细胞了吗？

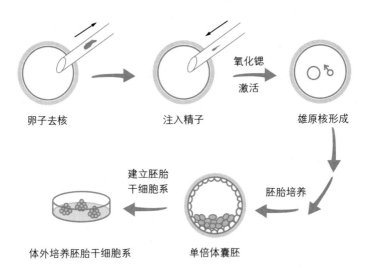

通过向去核卵细胞注入精子来建立孤雄胚胎干细胞系

　　不过与此同时，另一个实验室也想到了这一点，那就是中国科学院动物研究所的周琪实验室。

　　李劲松和周琪的课题组研究方向大同小异，在业界也可谓一时"瑜亮"，在这么个热乎的新项目上当然也不会谦让，两组人马几乎是在同一时间用完全相同的思路开启了完全相同的课题。在这一轮较量中，先拔头筹的是李劲松实验室，他们仅仅用了半年时间就率先制出了小鼠孤雄单倍体胚胎干细胞，周琪实验室则过了几个月才迎头赶上。

不出所料，这些孤雄单倍体胚胎干细胞保持着精子的"印记"，在合适的条件下，孤雄单倍体胚胎干细胞完全可以像精子那样，让卵子受精并正常发育。而且，和之前的孤雌单倍体胚胎干细胞的情况一样，孤雄单倍体胚胎干细胞在培养一段时间后，其"雄性印记"也会逐渐退化，使其变成"微弱的"雄性。

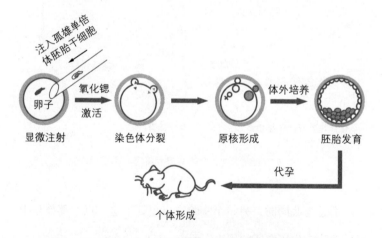

孤雄单倍体胚胎干细胞可以像精子一样给卵子受精，产生后代

在别的项目上，两个实验室的较量经常是互有胜负，不过在单倍体胚胎干细胞这个项目上，连同前文说的孤雌单倍体胚胎干细胞小鼠，周琪实验室已然连败两局，唯一扳回一城的希

望就是在孤雄小鼠上面抢得先机了。

孤雄小鼠：近在咫尺尚未及

如果说孤雌小鼠好歹还有河野友宏的先例可以参考，那么孤雄小鼠就是纯粹的从头摸索了。

从理论上来说，将孤雌小鼠的方案"反过来"，删掉孤雄单倍体胚胎干细胞里面的一些雄性印记基因，使之"雌性化"，然后将这样的细胞和精子一起注射到去核的卵子当中应该就能生出孤雄小鼠来了。话虽没错，但实际操作起来往往就是另一回事了。

在之前的研究中，研究人员都发现，孤雌小鼠毕竟其"雄性印记"比较弱势，所以经常会出现发育迟缓、体形瘦小等问题，与此同时，这些小鼠会意外地长寿。

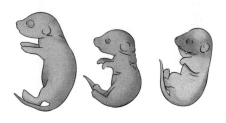

发育不良（右侧两只）是孤雌小鼠经常遇到的问题

　　周琪的研究团队首先想要试试看能不能解决"发育不良"这个问题，这样也好给未来制作孤雄小鼠积攒一些技术经验。他们在河野友宏删除两个印记基因的方案基础上设计了一种删除三个印记基因的策略，终于得到了比较正常的孤雌小鼠。

　　那么，获取孤雄小鼠又需要删除几个印记基因呢？周琪团队发现，删除了六个印记基因后，移植到代孕母亲子宫内的胚胎中也只有 1.2% 的孤雄小鼠能够发育到足月，但生出来的只是一个外形极不正常的死胎。

　　与孤雌小鼠恰好相反，孤雄小鼠幼崽表现出了一系列发育过度的问题——有的小鼠肿胀成了一个"肉球"，有的内脏跑到了体外，还有一些则在胚胎时期就睁开了眼睛（因为眼球过大把眼皮给"撑"开了）。

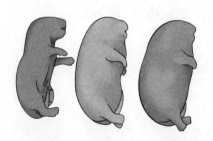

孤雄小鼠遭遇的首要问题就是发育过度，
图中右边两只就是长成了"肉球"的孤雄小鼠

最后，周琪的团队删除了七个印记基因，才终于让孤雄单倍体胚胎干细胞变得足够"雌性化"，产生形态上比较正常的小鼠。他们所制作并植入子宫的四百七十七个孤雄胚胎中有十二个活到了出生，不过其中大多数有严重的水肿，出生后不久便死掉了。只有两只表面上看不出什么问题的孤雄小鼠坚持活了四十八小时以上。而这，就是目前所能做到的极限了。

删除七个印记基因后，周琪团队终于得到了外貌
比较正常的孤雄小鼠（右侧是它的胎盘）

孤雄小鼠被创造出来了吗？严格来说，并没有。周琪团队的工作最多只是在理论上证明了培育孤雄小鼠的可能性，按照正常的操作，只有当孤雄小鼠能够长到成年并产生自己的后代才算是真正意义上实现了"孤雄繁殖"。但无疑，周琪的团队目前获得的成果，肯定也已经尝试过很多印记基因的修改方案，倾其所能了。

很多时候，我看着无数的科学家"你一针我一线"，把这个技术逐渐编织完整，也不由得感叹：他们当中没有谁是带着要一鸣惊人改变世界的念头去做研究，许多奇迹就这样从不经意的萌芽中"长"了出来，而且未来还会继续开花结果。

　　说到这里，人类迄今为止探索哺乳动物同性生育的故事就基本讲完了，然而作为人类科学史册的一部分，这个故事注定还会有新的篇章。

参考文献

1 沃森 . 双螺旋 [M]. 刘望夷，译 . 上海：上海译文出版社，2016.

2 GARDNER R L. Mouse chimeras obtained by the injection of cells into the blastocyst[J]. Nature, 1968, 220(5167).

3 EVANS M J, KAUFMAN M H. Establishment in culture of pluripotential cells from mouse embryos[J]. Nature, 1981, 292(5819).

4 MARTIN G R. Isolation of a pluripotent cell line from early mouse embryos cultured in medium conditioned by teratocarcinoma stem cells[J]. Proceedings of the National Academy of Sciences, 1981, 78(12).

5 THOMSON J A, MARSHALL V S. 4 Primate Embryonic Stem Cells[J]. Current Topics in Developmental Biology, 1997, 38.

6   THOMSON J A, ITSKOVITZ-ELDOR J, SHAPIRO S S, et al. Embryonic stem cell lines derived from human blastocysts[J]. Science (New York, N.Y.), 1998, 282(5391).

7   MASAHITO TACHIBANA, MICHELLE SPARMAN, CATHY RAMSEY, et al. Generation of Chimeric Rhesus Monkeys[J]. Cell, 2012, 148(1-2).

8   YING Q L, WRAY J, NICHOLS J, et al. The ground state of embryonic stem cell self-renewal[J]. Nature, 2008, 453(7194).

9   THEUNISSEN T W, POWELL B E, WANG H, et al. Systematic identification of culture conditions for induction and maintenance of naive human pluripotency[J]. Cell Stem Cell, 2014, 15(4).

10 FANG R, LIU K, ZHAO Y, et al. Generation of naive induced pluripotent stem cells from rhesus monkey fibroblasts[J]. Cell Stem Cell, 2014, 15(4).

11 GAFNI O, WEINBERGER L, MANSOUR A A, et al. Derivation of novel human ground state naive pluripotent stem cells[J]. Nature, 2013, 504(7479).

12 VALAMEHR B, ROBINSON M, ABUJAROUR R, et al. Platform for induction and maintenance of transgene-free hiPSCs resembling ground state pluripotent stem cells[J]. Stem Cell Reports, 2014, 2(3).

13 WARE C B, NELSON A M, MECHAM B, et al. Derivation of naive human embryonic stem cells[J]. Proceedings of the National Academy of Sciences, 2014, 111(12).

14 CHEN Y, NIU Y, LI Y, et al. Generation of Cynomolgus Monkey Chimeric Fetuses using Embry onic Stem Cells[J]. Cell Stem Cell,

2015, 17(1).

15   GURDON J B. The developmental capacity of nuclei taken from intestinal epithelium cells of feeding tadpoles[J]. Development, 1962, 10.

16   SIMERLY C R, NAVARA C S. Nuclear transfer in the rhesus monkey: opportunities and challenges[J]. Cloning and Stem Cells, 2003, 5(4).

17   CAMPBELL K H, MCWHIR J, RITCHIE W A, et al. Sheep cloned by nuclear transfer from a cultured cell line[J]. Nature, 1996, 380(6569).

18   HWANG W S, RYU Y J, PARK J H, et al. Evidence of a pluripotent human embryonic stem cell line derived from a cloned blastocyst[J]. Science, 2004, 303(5664).

19   HWANG W S, ROH S L, LEE B C, et al. Patient-specific embryonic stem cells derived from human SCNT blastocysts[J]. Science, 2005, 308(5729).

20   TAKAHASHI K, YAMANAKA S. Induction of pluripotent stem cells from mouse embryonic and adult fibroblast cultures by defined factors[J]. Cell, 2006, 126(4).

21   陈仁政 . 科学失误故事 [M]. 北京：北京出版社，2004.

22   BYRNE J A, PEDERSEN D A, CLEPPER L L, et al. Producing primate embryonic stem cells by somatic cell nuclear transfer[J]. Nature, 2007, 450(7169).

23   SPARMAN M L, TACHIBANA M, MITALIPOV S M. Cloning of non-human primates: the road "less traveled by" [J]. The International Journal of Developmental Biology, 2010, 54(11-12).

24   TACHIBANA M, AMATO P, SPARMAN M, et al. Human embryonic stem cells derived by somatic cell nuclear transfer[J]. Cell, 2013, 153(6).

25 MA H, MOREY R, O'NEIL R C, et al. Abnormalities in human pluripotent cells due to reprogramming mechanisms[J]. Nature, 2014, 511(7508).

26 JOHANNESSON B, SAGI I, GORE A, et al. Comparable frequencies of coding mutations and loss of imprinting in human pluripotent cells derived by nuclear transfer and defined factors[J]. Cell Stem Cell, 2014, 15(5).

27 CHUNG Y G, MATOBA S, LIU Y, et al. Histone demethylase expression enhances human somatic cell nuclear transfer efficiency and promotes derivation of pluripotent stem cells[J]. Cell Stem Cell, 2015, 17(6).

28 LIU Z, CAI Y, WANG Y, et al. Cloning of macaque monkeys by somatic cell nuclear transfer[J]. Cell, 2018, 172(4).

29 LIU Z, LU Z, YANG G, et al. Efficient generation of mouse models of human diseases via ABE-and BE-mediated base editing[J]. Nature Communications, 2018, 9(1).

30 NAGOBA B S, VEDPATHAK D V, SELKAR S P, et al. Stimulus-triggered Fate Conversion of Somatic Cells into Pluripotency in Chronic Wounds in Human Beings?[J]. Journal of Krishna Institute of Medical Sciences (JKIMSU), 2015, 4(4).

31 OBOKATA HARUKO, SASAI YOSHIKI, NIWA HITOSHI, et al. Retraction:Bidirectional developmental potential in reprogrammed cells with acquired pluripotency[J]. Nature, 2014, 511(7507).

32 EIRAKU M, TAKATA N, ISHIBASHI H, et al. Self-organizing optic-cup morphogenesis in three-dimensional culture[J]. Nature, 2011,

472(7341).

33 KONNO D, KASUKAWA T, HASHIMOTO K, et al. STAP cells are derived from ES cells[J]. Nature, 2015, 525(7570).

34 WEI Y C, WANG S R, JIAO Z L, et al. Medial preoptic area in mice is capable of mediating sexually dimorphic behaviors regardless of gender[J]. Nature Communications, 2018, 9(1).

35 BOYDEN E S. A history of optogenetics: the development of tools for controlling brain circuits with light[J]. F1000 Biology Reports, 2011, 3.

36 HAN W, TELLEZ L A, RANGEL JR M J, et al. Integrated control of predatory hunting by the central nucleus of the amygdala[J]. Cell, 2017, 168(1-2).

37 WILLIAMS SARAH C P, DEISSEROTH KARL. Optogenetics[J]. Proceedings of the National Academy of Sciences of the United States of America, 2013, 110(41).

38 FENNO L, YIZHAR O, DEISSEROTH K. The development and application of optogenetics[J]. Annual Review of Neuroscience, 2011, 34

39 WILSON COURTNEY E, VANDENBEUCH AURELIE, KINNAMON SUE C. Physiological and Behavioral Responses to Optogenetic Stimulation of PKD2L1+ Type III Taste Cells[J]. eNeuro, 2019, 6(2).

40 GRADINARU VIVIANA, THOMPSON KIMBERLY R, ZHANG FENG, et al. Targeting and readout strategies for fast optical neural control in vitro and in vivo[J]. The Journal of Neuroscience : The Official Journal of the Society for Neuroscience, 2007, 27(52).

41 HOLLAND E M, BRAUN F J, NONNENGÄSSER C, et al. The nature of rhodopsin-triggered photocurrents in Chlamydomonas. I. Kinetics and influence of divalent ions[J]. Biophysical Journal, 1996, 70(2).

42 EHLENBECK S, GRADMANN D, BRAUN F J, et al. Evidence for a light-induced H+ conductance in the eye of the green alga Chlamydomonas reinhardtii[J]. Biophysical Journal, 2002, 82(2).

43 KIANIANMOMENI A, STEHFEST K, NEMATOLLAHI G, et al. Channelrhodopsins of Volvox carteri are photochromic proteins that are specifically expressed in somatic cells under control of light, temperature, and the sex inducer[J]. Plant Physiology, 2009, 151(1).

44 NAGEL GEORG, SZELLAS TANJEF, HUHN WOLFRAM, et al. Channelrhodopsin-2, a directly light-gated cation-selective membrane channel[J]. Proceedings of the National Academy of Sciences of the United States of America, 2003, 100(24).

45 BOYDEN E S, ZHANG F, BAMBERG E, et al. Millisecond-timescale, genetically targeted optical control of neural activity[J]. Nature Neuroscience, 2005, 8(9).

46 BI A, CUI J, MA Y P, et al. Ectopic expression of a microbial-type rhodopsin restores visual responses in mice with photoreceptor degeneration[J]. Neuron, 2006, 50(1).

47 HAN X, BOYDEN E S. Multiple-color optical activation, silencing, and desynchronization of neural activity, with single-spike temporal resolution[J]. Plos One, 2007, 2(3).

48 GRADINARU V, THOMPSON K R, DEISSEROTH K. eNpHR: a Natronomonas halorhodopsin enhanced for optogenetic

applications[J]. Brain Cell Biology, 2008, 36(1-4).

49　TUFAIL Y, MATYUSHOV A, BALDWIN N, et al. Transcranial pulsed ultrasound stimulates intact brain circuits[J]. Neuron, 2010, 66(5).

50　STANLEY S A, KELLY L, LATCHA K N, et al. Bidirectional electromagnetic control of the hypothalamus regulates feeding and metabolism[J]. Nature, 2016, 531(7596).

51　WHEELER M A, SMITH C J, OTTOLINI M, et al. Genetically targeted magnetic control of the nervous system[J]. Nature Neuroscience, 2016, 19(5).

52　LONG X, YE J, ZHAO D, et al. Magnetogenetics: remote non-invasive magnetic activation of neuronal activity with a magnetoreceptor[J]. Science Bulletin, 2015, 60(24).

53　BREGESTOVSKI P, MUKHTAROV M. Optogenetics: Perspectives in Biomedical Research (Review)[J]. Sovremennye tehnologii v medicine, 2016, 8(4).

54　EVANKO D. Optical excitation yin and yang[J]. Nature Methods, 2007, 4(5).

55　DEISSEROTH KARL, FENG GUOPING, MAJEWSKA ANIA K, et al. Next-generation optical technologies for illuminating genetically targeted brain circuits[J]. The Journal of Neuroscience:The Official Journal of the Society for Neuroscience, 2006, 26(41).

56　RAJASETHUPATHY P, FERENCZI E, DEISSEROTH K. Targeting neural circuits[J]. Cell, 2016, 165(3).

57　MEISTER MARKUS. Physical limits to magnetogenetics[J]. eLife, 2016, 5.

58 LANDER E S. The heroes of CRISPR[J]. Cell, 2016, 164(1-2).

59 CARROLL D. Focus: genome editing: genome editing: past, present, and future[J]. The Yale Journal of Biology and Medicine, 2017, 90(4).

60 MOJICA F J, DÍEZ-VILLASEÑOR C, GARCÍA-MARTÍNE J, et al. Intervening sequences of regularly spaced prokaryotic repeats derive from foreign genetic elements[J]. Journal of Molecular Evolution, 2005, 60(2).

61 JINEK M, CHYLINSKI K, FONFARA I, et al. A programmable dual-RNA-guided DNA endonuclease in adaptive bacterial immunity[J]. Science, 2012, 337(6096).

62 GASIUNAS G, BARRANGOU R, HORVATH P, et al. Cas9-crRNA ribonucleoprotein complex mediates specific DNA cleavage for adaptive immunity in bacteria[J]. Proceedings of the National Academy of Sciences, 2012, 109(39).

63 CONG L, RAN F A, COX D, et al. Multiplex genome engineering using CRISPR/Cas systems[J]. Science, 2013, 339(6121).

64 MALI P, YANG L, ESVELT K M, et al. RNA-guided human genome engineering via Cas9[J]. Science, 2013, 339(6121).

65 KONERMANN S, BRIGHAM M D, TREVINO A E, et al. Genome-scale transcriptional activation by an engineered CRISPR-Cas9 complex[J]. Nature, 2015, 517(7536).

66 PODKALICKA P, MUCHA O, DULAK J, et al. Targeting angiogenesis in Duchenne muscular dystrophy[J]. Cellular and Molecular Life Sciences, 2019, 76(8).

67 NELSON C E, HAKIM C H, OUSTEROUT D G, et al. In vivo

genome editing improves muscle function in a mouse model of Duchenne muscular dystrophy[J]. Science, 2016, 351(6271).

68　LONG C, AMOASII L, MIREAULT A A, et al. Postnatal genome editing partially restores dystrophin expression in a mouse model of muscular dystrophy[J]. Science, 2016, 351(6271).

69　TABEBORDBAR M, ZHU K, CHENG J K, et al. In vivo gene editing in dystrophic mouse muscle and muscle stem cells[J]. Science, 2016, 351(6271).

70　CHOI E, KOO T. CRISPR technologies for the treatment of Duchenne muscular dystrophy[J]. Molecular Therapy：The Journal of the American Society of Gene Therapy, 2021, 29(11).

71　ANZALONE A V, RANDOLPH P B, DAVIS J R, et al. Search-and-replace genome editing without double-strand breaks or donor DNA[J]. Nature, 2019, 576(7785).

72　ZUO E, SUN Y, WEI W, et al. Cytosine base editor generates substantial off-target single-nucleotide variants in mouse embryos[J]. Science, 2019, 364(6437).

73　NIU Y, SHEN B, CUI Y, et al. Generation of gene-modified cynomolgus monkey via Cas9/RNA-mediated gene targeting in one-cell embryos[J]. Cell, 2014, 156(4).

74　GAO F, SHEN X Z, JIANG F, et al. DNA-guided genome editing using the Natronobacterium gregoryi Argonaute[J]. Nature Biotechnology, 2016, 34(7).

75　王立铭 . 上帝的手术刀 [M]. 浙江：浙江人民出版社，2017.

76　HAN W, TELLEZ L A, RANGEL M J, et al. Integrated Control of

Predatory Hunting by the Central Nucleus of the Amygdala[J]. Cell, 2017, 168(1).

77 SARAGUSTY J, DIECKE S, DRUKKER M, et al. Rewinding the process of mammalian extinction[J]. Zoo Biology, 2016, 35(4).

78 ZUO E, CAI Y J, LI K, et al. One-step generation of complete gene knockout mice and monkeys by CRISPR/Cas9-mediated gene editing with multiple sgRNAs[J]. Cell Research, 2017, 27(7).

79 WANG H, HU Y C, MARKOULAKI S, et al. TALEN-mediated editing of the mouse Y chromosome[J]. Nature Biotechnology, 2013, 31(6).

80 ZUO E, HUO X, YAO X, et al. CRISPR/Cas9-mediated targeted chromosome elimination[J]. Genome Biology, 2017, 18(1).

81 谢幸，苟文丽 . 妇产科学 [M]. 8 版 . 北京：人民卫生出版社，2013.

82 陆海燕，郑建丽，陆晶晶，等 . 孕中期产前筛查与羊水染色体产前诊断结果与分析 [J]. 中国优生与遗传杂志，2016，24(5)：55 ~ 56.

83 KWIATKOWSKI P, ARTRIP J H, EDWARDS N M, et al. High-level porcine endothelial cell expression of α (1, 2)-fucosyltransferase reduces human monocyte adhesion and activation1[J]. Transplantation, 1999, 67(2).

84 YAMADA K, GRIESEMER A, OKUMI M. Pigs as xenogeneic donors[J]. Transplantation Reviews, 2005, 19(3).

85 MCGREGOR C G, DAVIES W R, OI K, et al. Cardiac xenotransplantation: recent preclinical progress with 3-month median survival[J]. The Journal of Thoracic and Cardiovascular Surgery, 2005, 130(3).

86　LIN C C, EZZELARAB M, SHAPIRO R, et al. Recipient tissue factor expression is associated with consumptive coagulopathy in Pig - to - Primate kidney xenotransplantation[J]. American Journal of Transplantation, 2010, 10(7).

87　MOHIUDDIN M M, CORCORAN P C, SINGH A K, et al. B - Cell Depletion Extends the Survival of GTKO. hCD46Tg Pig Heart Xenografts in Baboons for up to 8 Months[J]. American Journal of Transplantation, 2012, 12(3).

88　BELSHAW R, PEREIRA V, KATZOURAKIS A, et al. Long-term reinfection of the human genome by endogenous retroviruses[J]. Proc Natl Acad Sci USA, 2004, 101(14).

89　YANG L, GÜELL M, NIU D, et al. Genome-wide inactivation of porcine endogenous retroviruses (PERVs)[J]. Science, 2015, 350(6264).

90　SCHAEFER K A, WU W H, COLGAN D F, et al. Unexpected mutations after CRISPR-Cas9 editing in vivo[J]. Nature Methods, 2017, 14(6).

91　LUO JINGCHUAN, SUN XIAOJI, CORMACK BRENDAN P, et al. Karyotype engineering by chromosome fusion leads to reproductive isolation in yeast[J]. Nature, 2018, 560(7718).

92　SHAO YANGYANG, LU NING, WU ZHENFANG, et al. Creating a functional single-chromosome yeast[J]. Nature, 2018, 560(7718).

93　SOLTER D. Differential imprinting and expression of maternal and paternal genomes[J]. Annual Review of Genetics, 1988, 22(1).

94　OBATA Y, KANEKO-ISHINO T, KOIDE T, et al. Disruption of

primary imprinting during oocyte growth leads to the modified expression of imprinted genes during embryogenesis[J]. Development, 1998, 125(8).

95 KONO T, OBATA Y, WU Q, et al. Birth of parthenogenetic mice that can develop to adulthood[J]. Nature, 2004, 428(6985).

96 KAWAHARA M, WU Q, TAKAHASHI N, et al. High-frequency generation of viable mice from engineered bi-maternal embryos[J]. Nature Biotechnology, 2007, 25(9).

97 ELLING U, TAUBENSCHMID J, WIRNSBERGER G, et al. Forward and reverse genetics through derivation of haploid mouse embryonic stem cells[J]. Cell Stem Cell, 2011, 9(6).

98 LEEB M, WUTZ A. Derivation of haploid embryonic stem cells from mouse embryos[J]. Nature, 2011, 479(7371).

99 YANG H, SHI L, WANG B A, et al. Generation of genetically modified mice by oocyte injection of androgenetic haploid embryonic stem cells[J]. Cell, 2012, 149(3).

100 LI W, SHUAI L, WAN H, et al. Androgenetic haploid embryonic stem cells produce live transgenic mice[J]. Nature, 2012, 490(7420).

101 ZHONG C, XIE Z, YIN Q, et al. Parthenogenetic haploid embryonic stem cells efficiently support mouse generation by oocyte injection[J]. Cell Research, 2016, 26(1).

102 LI Z K, WANG L Y, WANG L B, et al. Generation of Bimaternal and Bipaternal Mice from Hypomethylated Haploid ESCs with Imprinting Region Deletions[J]. Cell Stem Cell, 2018, 23(5).